大学物理实验教学研究

胡国进　著

延邊大學出版社

图书在版编目（CIP）数据

大学物理实验教学研究 / 胡国进著. -- 延吉：延边大学出版社，2022.7
ISBN 978-7-230-03532-3

Ⅰ．①大… Ⅱ．①胡… Ⅲ．①物理学－实验－教学研究－高等学校 Ⅳ．①O4-33

中国版本图书馆 CIP 数据核字（2022）第 128361 号

大学物理实验教学研究

著　　者：胡国进
责任编辑：胡巍洋
封面设计：品集图文
出版发行：延边大学出版社
社　　址：吉林省延吉市公园路 977 号　　　邮　编：133002
网　　址：http://www.ydcbs.com
E-mail：ydcbs@ydcbs.com
电　　话：0433-2732435　　　　　　　　传　真：0433-2732434
发行电话：0433-2733056　　　　　　　　传　真：0433-2732442
印　　刷：北京宝莲鸿图科技有限公司
开　　本：787 mm×1092 mm　1/16
印　　张：10.5　　　　　　　　　　　　字　数：200 千字
版　　次：2022 年 7 月　第 1 版
印　　次：2022 年 8 月　第 1 次印刷
ISBN 978-7-230-03532-3

定　　价：68.00 元

前　　言

物理实验是对物理理论的补充与深化，对于促进学生创新能力和理论应用实践能力的提高有着重要的作用。伴随着科学技术的快速发展与大学物理实验改革的不断推进，物理实验教学内容与技术也应不断变化、及时更新。

目前，受传统教学方式的影响，在我国一些高校的大学物理实验教学中还存在着许多薄弱环节。高校中大部分学生对物理实验是非常感兴趣的，尤其是设计性实验，但现有的物理实验多为验证性实验，学生们根据教师或者教材中给定的实验步骤进行相关的实验操作，往往只是为了验证已经存在的实验结果，无法发挥学生的主动性和创造性，不利于学生创造性思维的发展，不利于学生实验能力与综合素养的提高。

本书针对大学物理实验教学中存在的问题，提出进行物理实验教学内容体系改革、教材改革，重视综合性、设计性物理实验教学，整合信息技术与物理实验教学等可行性策略。因此，高校物理实验教师应积极进行物理实验教学研究，对物理实验教学模式和方法不断改革与创新，提高教学质量；积极为学生拓展自主探索空间，学生可根据教师提供的实验主题自主完成阅读相关资料、设计实验程序、开展实验研究、撰写实验报告等学习任务，通过自主探究物理实验原理来提高综合能力。

希望通过本书阐述的大学物理实验教学内容和实验教学方式的相关改革，促进大学物理实验教学模式和方法的完善，真正发挥大学物理实验教学促进学生物理实验能力及创新能力提高的作用，不断增强学生自主操作与探究的能力。

目　　录

第一章 大学物理实验教学概述

第一节 大学物理实验教学内涵

实验既是物理学不可分割的重要环节，也是研究物理学的重要方法。物理实验教学以其直观具体、形象生动的教学形式契合了学生的心理特点和认知规律。新奇有趣的演示实验不仅能激发学生的学习兴趣，同时也能培养学生的观察能力；分组实验增加了学生的动手机会，增强了学生学习的主动性，学生通过亲手做实验，能体会到"发现"和"获得成功"的快乐，在分组实验中，同学之间需要配合、讨论、争议、融合，因此实验又可以锻炼学生的勇气、信心、意志，培养学生的合作精神；自制教具既是实验教学的有效补充，又能在自制教具的过程中培养学生的动手能力和创造能力。另外，通过物理综合实践活动，可以实现从生活走向物理、从物理走向社会的课程理念，培养学生的科学探究能力与创造能力。总之，实验教学是其他教学手段无法取代的。

一、实验与实验教学的含义

（一）实验的含义

实验，是根据一定的目的、运用必要的手段，在人工控制的条件下观察研究事物本质和规律的一种实践活动。实验可分为科学实验和教学实验。

科学实验，是指科学家以探索未知世界为实验目的，经过反复设计并付诸实践的探索自然规律的活动。其特点是可以纯化、简化、强化和再现科学现象，延缓或加速自然现象的形成过程，为理论概括准备充分可靠的客观依据，可以超越现实生产生活，缩短认识周期。

教学实验，是教师和学生学习科学知识和验证科学规律的方法，是人为复制和调控物质的运动状态和过程的一种能动活动。所谓人为复制和调控，是指对科学家成功的科学实验进行提取、浓缩，进而复制并控制状态、缩短过程，从而演变成为服务于教学的实验。本书讨论的实验是指教学实验（以下简称实验）。实验有五个基本属性，具体如下。

第一，学习主体的主动性。学生自主独立地设计、实施实验的全过程，取得了实验的控制权，实验基本按照学生自己的意志进行，体现了学生的主体作用和主动性。

第二，结论的可计量性。学生亲身参与了实验的全过程，观察的现象和记录的数据都是可靠的、客观存在的，分析、计算得出的结论是可以计量的，体现了科学方法最基本要求之一的定量分析。

第三，结论的客观性。学生实验的结论是通过以仪器为客观条件的实践活动得出的，不以人的意志为转移，在同一环境和条件下，实验得出的结论基本一致，体现了科学方法最基本要求之一的客观性。

第四，过程的可重复性。根据需要，可重复实验某一过程或全过程。

第五，实验内容和结论的连续性。什么样的内容必然产生什么样的结论，实验存在确定的因果关系。

实验是人类认识世界的重要活动，是科学研究的基础，也是理科教育和素质教育的基础。实验在培养学生的观察能力、思维能力、实践能力和创造能力等方面都具有得天独厚的优势。

（二）实验教学的含义

实验教学，是通过观察和实验，进行科学知识学习、技能训练、实践能力和创造精神培养的教学形式，它属于基础课程。实验教学具有获取知识和技能、过程与方法、情感态度与价值观的多重功能，是一种与相关学科并列而独立的教学形式。实验教学是整个理科教学的基础，是开展探究性学习和自主合作性学习的前提，是培养学生科学素质、提高学生综合能力的重要途径。实验教学作为一种独特的教学形式，其特点如下。

第一，实践性。实验教学主要是学生通过实践活动而进行的学习，既动手，又动脑，是学习的能动过程。

第二，主体性。实验教学以学生的全面发展为本，突出了学生的主体地位。

第三，直观性。通过实验操作，学生可以直接地观察到相关的现象与数据，便于学生从感性思维向理性思维过渡，便于保持学生对物理现象的好奇及浓厚的学习兴趣，便于培养学生的创造性思维。

第四，统一性。实验教学在实施的过程中，学生通过观察演示实验，自己动手操作实验，既要动脑，又要动手，表现了知识与技能、过程与方法、情感态度与价值观的统一性。

实验教学的教学目的，是通过整个实验过程的教学，让学生在获取或巩固科学知识的过程中，理解、掌握、运用实验手段处理问题的基本程序及基本技能，培养学生敢于质疑和探究的品质，端正学生严谨、求实的学习态度；培养学生良好的学习习惯，培养学生的不懈求索精神；培养学生的观察能力、思维能力和实践操作能力，让学生学会认识未知事物的科学方法（包括现代技术的应用），激发学生的学习兴趣；培养学生的创造精神和创造能力，树立学生的社会意识和合作意识，提高学生的综合素质。

实验教学总的目标体系可分为目标的认识体系、目标的技能训练体系、目标的方法论体系、目标的思维能力体系、目标的品质培养体系和目标的习惯体系等。

为了达到实验教学的目的，必须明确实验教学的教学任务，即让学生获得和巩固相关的科学知识，并掌握测量、鉴别、采集等基本实验手段；明确运用实验手段进行探索和研究问题的基本程序；学会选择和使用教学仪器，组成实验装置进行实验；掌握实验操作的基本技能和技巧。

让学生对科学方法有全面的认识，学会使用观察法、实验法、取样法、测量法、图表法、统计法等基本实验方法；能按照要求正确地完成实验操作，仔细地观察实验现象及其变化，正确地分析和处理所得的结果，并能运用现代信息技术手段获取、分析、组织和使用各种信息；了解并能运用有效数字和误差理论的知识处理数据。

让学生在实验中培养观察能力、思维能力和实践操作能力，提高综合素质；让学生在掌握科学研究方法和提高实践能力的基础上，树立创造意识，培养创造能力。

让学生养成良好的习惯和严谨求实的科学态度；懂得科学对社会发展的作用，培养学生追求真理的科学精神和价值观念；了解科学发明、发现史及现代科学发展前景，树立远大的理想；通过合作学习，树立集体意识和团队观念。

让学生感受探究情景和实验的乐趣，激发释疑、求知的欲望，让学生通过评价活动，健全实验意识，树立主动发展观念。

实验教学所遵循的基本原则如下。

配合性原则：实验教学既与相关学科的教学紧密配合，又与素质教育、创造教育紧密配合。中共中央、国务院明确指出，要将"培养创造精神和实践能力作为全面实施素质教育的重点"，并强调"要重视实验教学培养学生的实际操作能力，尤其是加强创造能力的培养"。

普及性原则：演示和分组实验的开出率均要求达到百分之百，提供的机会和空间要尽量让每一个学生都能参与，贯彻"学生主动学习"和"学生发展为本"的现代教育思想，把以"教"为中心转向以"学"为中心。

显效性原则：要求实验现象明显、数据清晰、实验结果达到预期精确度。

简明性原则：要求实验装置简单、原理明确、便于操作、成功率高。

实验教学的教学环节一般为：问题的提出、假设或猜想、制订计划与设计、操作与收集论据、分析与论证、评价与评估、交流与合作。

实验教学的主要形式是观察与实验。

观察，是有计划地依赖机体感官来考察现象的方法，以知觉物质及其运动中的现象或事物为目的的知觉过程和能动活动。这种活动常与积极的思维相结合，具有方向性和入微性，要求注意力集中于观察目标，并仔细关注目标的现象及其变化。

实验教学注重观察，也注重对学生观察能力的培养。观察能力是一种善于全面深入地认识事物特征的能力，是智力发展水平的重要标志之一。因此，要求学生在观察时，必须目的明确、主次分明，与思维相结合，以收到良好的观察效果，达到预期的观察目的，认清事物变化的本质，加深对知识的理解。

二、大学物理实验教学的地位

大学物理实验课是高等理工科院校对学生进行基本训练的必修课程之一，与大学物理理论课一起构成基础物理学知识统一的整体。由于大学物理实验具有完整的、科学的实验教学课程体系，因此也是一门独立的课程，是学生进入大学后接受系统实验技能训练的开端，也是后续实验课的基础。

三、大学物理实验教学的作用

物理学是一门以实验为基础的科学。物理规律的发现、物理理论的建立均来自于严谨的科学实验，并得到实验的检验。例如，光的干涉实验使光的波动学说得以确立；赫兹的电磁波实验使麦克斯韦提出的电磁理论获得普遍承认；在 α 粒子散射实验的基础上，卢瑟福提出原子核型结构；杨振宁、李政道于 1956 年提出了弱相互作用下宇称不守恒理论，经过实验物理学家吴健雄用实验验证后才被同行学者承认。实践证明，物理实验是物理学发展的动力。在物理学的发展进程中，物理实验和物理理论始终是相互促进、相互制约、共同发展的。

大学物理实验不是简单地重复前人已经做过的实验，更重要的是汲取其中的物理思想，卓越的实验设计、巧妙的物理构思、高超的测量技术、精心的数据处理、精辟的分析判断为人们展示了极其丰富的物理思想和科学方法，这已成为人类伟大思想宝库中的重要组成部分。

实践也证明，实验是人们认识自然和改造客观世界的基本手段。科学技术越进步，科学实验就显得越重要，任何一种新技术、新材料、新工艺、新产品都必须通过实验才能获得。因此，对于理工科的学生来说，物理实验的技能知识是必不可少的。

由于物理学的主要概念与规律大部分是建立在实验的基础上的，因此物理实验教学是物理教学的主要形式，它在指导学生学习物理方面有着不可替代的作用，对学生能力的培养有着重大的意义与作用。

（一）创设有利于学生掌握物理知识的情境

我们知道，许多物理概念和规律都是从大量的具体事例中总结出来的，在教学中，教师必须重视感性认识，使学生通过物理现象、过程获得必要的感性认识，这是形成概念、掌握规律的基础。

实验能够展现典型的物理现象，实验能创造一个真实的、排除了干扰的环境，它对产生多种现象的条件进行了严格、精密的控制，排除了次要因素的影响，突出了现象的本质规律。例如，在探究"音调的高低与振动的频率的关系"时，用硬纸片快速和慢速拨过木梳，让学生听声音的高低，也就是听觉上的"尖细"或"低沉"，学生较易区别比较，因为此时实验中能较好地控制手拨动的力度。但在生活中，让学生区分声音的高低是不太容易的，原因是有时不仅音调会改变，响度也改变，多个因素都会改变，较难有效把握。

实验能根据需要，重复并再现物理现象。实验能在相同的条件下进行多次反复，以供学生反复观察。有些实验在做一次后学生观察到的现象不明显，可以重复做。例如，在探究"声音是怎样产生的"实验中，把敲响的音叉放入水中，会溅起水花，做一次，响度小，只有近处的几个学生能看到；在加大敲击的力度后，水花现象较明显，坐在教室后面的学生也都能看到了，而水花都溅到坐在前面的学生的脸上了。这要比生活中那些仅是昙花一现的现象留给学生的印象更为深刻。

实验能让学生体验到物理学的趣味性。实验能充分运用学生的多种感官，激发学生的学习兴趣，让学生在心情舒畅的状态下自觉、主动地学习。例如，在探究"弦音调的高低与哪些因素有关"时，教师准备了一把二胡，让会拉二胡的学生先演奏一曲大家较熟悉的歌曲，然后再分别改变各个因素进行研究，学生们便会觉得"真有趣，既欣赏了音乐，又学到了知识"。

实验具有定性和定量研究的全面性。实验能观察现象的全过程，进行定性研究，如在探究"动能大小与影响因素之间的关系"时，改变质量或速度，动能也随着发生改变，能知道动能与质量、速度有关，并且质量、速度越大，动能越大。实验还能测出有关数据，计算各量之间的数值关系，进行定量研究，如探究"电流与电压、电阻之间的关系"时，控制电压或电阻不变，改变另一个量，看电流的变化，记下数据，从而得出三者之间定量的关系。

实验能激发学生的探究欲望。新奇有趣的演示实验，不仅能展示奇妙的物理现象，而且能满足学生的好奇心，激发他们的探究欲望。例如，在证明大气压存在的教学中，演示"瓶吞鸡蛋"与"瓶吐鸡蛋"两个实验，面对眼前神奇的现象，学生的注意力会立刻被吸引过来，这不仅满足了他们的好奇心，更提起了他们探究其中道理的兴趣。

（二）提供有利于学生掌握科学研究方法的平台

实验是对学生进行创造意识训练和科学研究方法训练的有效途径，而实验本身就是一种基本的科学研究方法。一般来说，物理实验有以下几类基本方法，学生通过物理实验教学这个平台，能学会运用这些科学研究方法。

实验归纳法。实验归纳法的特点是：实验在前，结论在后，实验就是探索规律的主要手段。例如，在探究"声音是怎样产生的"时候，教师通过大量的实验，诸如让纸发声、敲音叉、让气球发声等，引导学生分析这些物体发声前与发声后的区别，归纳所有发声体的共同特点，并在此基础上得出声音是由物体振动产生的科学结论。

实验验证法。实验验证法往往与想象、推理、判断等思维形式结合在一起，构成所谓"演绎"的科学研究方法。验证性实验是假定结论已得出，然后通过一定的实验验证结论的正确性。通常为了避免实验的偶然性，实验至少进行 3 次。在教学中，只要这种方法运用得当，也具有启迪思维、探索真理的作用。如验证阿基米德原理的实验，通过改变物体的体积，3 次测量浮力与被物体排开的水的重力，比较两个力的大小关系，从而验证了阿基米德原理的正确性。在此过程中，学生同样经历了想象、推理与判断的思维历程。

科学推理法即实验加推理法，或称理想实验法。真实实验是具体的实践活动，可以作为检验物理概念与规律是否正确的标准，而理想实验不但不能作为检验物理概念与规律的标准，而且它本身得出的结论还要由真实实验来判断其正确与否。因此，理想实验要依赖于真实实验。例如，在做"真空不能传声"的实验中，把电铃放在玻璃钟罩内密封好，用抽气机不断向外抽气，听铃声的变化，在不断抽气的过程中，铃声逐渐减小。这是一个真实实验，在此基础上进行合理的推理：如果把里面的空气全部抽完，还能不能听到铃声？学生会推出"听不到铃声"的结论，这就属于理想实验法。在现实中完成不了，但在实验的基础上经过合理的推理可以得出正确的结论。除此实验之外，还有"牛顿第一定律"，也是通过理想实验法而得出的。

控制变量法。控制变量法是物理实验中常用的研究方法，其特点是：当被研究的物理量与多个因素有关时，控制其他因素相同，仅研究其与一个因素的关系。例如，在研究压力作用效果与哪些因素有关的实验中，先保持受力面积相同，研究压力改变、压力作用效果的变化；然后，保持压力不变，研究受力面积改变、压力作用效果的变化；最后，分析实验现象，得出压力作用效果与压力大小及受力面积的关系。除此实验外，还有研究浮力与哪些因素有关、电流与电压及电阻的关系等实验。

转换法。俗话说"眼见为实"，但有很多物理现象用人眼直接观察是看不见的，需要通过转换法使该现象让人看见。例如，在探究"音叉的发声"实验中，将乒乓球吊起来靠近正在发声的音叉，乒乓球会被弹起，音叉的微小振动转换为乒乓球的弹起，人眼就可以看见。再如，有些实验的可视度很低，可以做成视频后，现场放大给学生们看。

（三）提供有利于学生提高科学素养的机会

实验除了对学生掌握知识有明显的作用之外，对学生非智力因素的培养也有显著的作用。实验不仅能培养学生实事求是的科学态度、严谨细致的工作作风和坚韧不拔的意志品质，而且能有助于学生形成正确的观点、观念和优秀的道德品质，培养高尚的思想情操和浓厚的学习兴趣。做任何一项实验，从设计实施到分析总结过程、得出结论，都与观察操作、思考等活动密不可分，并要求听觉、视觉等器官高度兴奋，是手与脑的密切合作、想象与现实的奇妙交融，起着任何其他教学方式都无法替代的作用。为此，在物理教学中，应加强实验教学，激发学生的学习兴趣和求知欲，使学生积极参与，通过观察实验动手动脑，主动地获取知识，全面提高教育教学质量和学生的基本素质。

四、大学物理实验教学的任务

按照《高等学校工科本科物理实验课程教学基本要求》，大学物理实验课程的教学任务是：使学生在物理实验的基础上，按照循序渐进的原则学习物理实验知识和方法，得到实验技能的训练，从而初步了解科学实验的主要过程和基本方法，为今后的学习和工作奠定良好的实验基础。具体表现在以下几方面。

1.通过对实验现象的观察、测量和分析，学习物理实验知识，加深对物理学原理的理解和记忆。

2.培养学生独立进行科学实验的能力。如通过课前阅读教材或资料准备实验，可以培养学生的自学能力；通过实验操作可以培养学生理论联系实际的动手能力；通过观察、分析现象，可以培养学生的思维判断能力；通过正确处理实验数据、撰写合格实验报告，可以培养学生的科研总结能力；通过灵活运用已有知识进行实验设计，可以培养学生的创新能力等。

3.培养学生严肃认真的工作作风、实事求是的科学态度、良好的实验习惯，以及遵纪守法、爱护公共财物的优良品德。

第二节 大学物理实验课程教学环节及简化规则

一、大学物理实验课程简化教学环节

对于每一个实验，从准备工作开始，到实验室里的实验，再到提交实验报告，才算最后完成。要取得良好的实验效果，就必须遵循一定的程序，按照一定的要求，认真做好每一步的工作。

（一）实验课前预习，写出本次实验的预习报告

实验能否顺利进行并取得预期的结果，在很大程度上取决于学生预习得是否充分。学生在预习时，要仔细阅读实验教材，复习相关的物理学理论，明确实验的目的和要求，了解实验步骤、实验过程中应观察的现象和需要记录的数据，在"实验报告纸"上写出合格的预习报告。

1.预习报告内容

（1）实验名称。

（2）实验目的。

（3）实验原理。阐明实验的理论要点，写出待测量的主要计算公式，画出有关装置图（如电路图、光路图等）。

（4）实验仪器。列出主要仪器的名称、型号、规格、精度等级等。

（5）实验内容及步骤。写出主要实验内容、关键步骤和注意事项。

（6）数据表格。按照实验内容画出有关表格，以便实验时记录数据。

（7）阅读思考题。

2.预习报告的要求

（1）在认真阅读实验教材的基础上写预习报告，不得抄袭别人的预习报告。

（2）写预习报告要用专用的"实验报告纸"，不得使用不合要求的纸。

（3）字迹要工整，画图要用直尺、圆规和曲线板。

注：每次上课前将预习报告交给任课教师检查，不合格者不能做实验。

（二）实验课操作

1.实验的准备工作

对照实验教材，检查并熟悉仪器的种类、数量、规格、操作规则及注意事项。对预习时不理解或理解不深的内容，重新阅读实验教材的有关部分，并对预习报告进行必要的修改。在实验正式开始之前，应按照操作方便、安全可靠的原则，将仪器摆放在实验桌上，连接线路，并把仪器置于初始状态。例如，将仪器调至水平、电表指针调至零、选择适当的量程、仪器的输出调到最小等，一切准备就绪后方可实验。

2.观察和测量

完成仪器装置的检查后，可以试运行一下，检查各种仪器能否正常工作，观察实验结果是否合理。如发现意外，应及时排除。若出现电学仪器冒烟、发出焦糊气味、仪表超出量程、温度上升过快等状况，学生应立即切断电源，检查原因或报告教师加以排除。确认所有仪器工作均正常后，再进行观察和测量，记下观察到的现象和测量所得的原始数据。

记录原始数据的有效数字应正确反映仪器的精密度。除测量数据外，还应记录与实验结果有关的环境条件，如温度、湿度、大气压强等。在实验中出现的现象是分析实验结果的重要依据之一，应该如实、认真地记录。要对现象和原始数据及时进行分析和思考。学生在实验过程中，如果发现有出乎意料或不合理的现象和数据，要重复观察和测量，并请教指导教师。

3.实验的要求

（1）学生要在上课前到达实验室，不得迟到。学生因病、因事不能上课的，要有医务室或所在院系出具的假条，才予准假，并及时在实验室开放时补做实验。

（2）在课上，学生要认真听教师的讲解，按照实验步骤操作仪器，未经教师同意不得随意拿取别组的仪器，要认真记录数据，在实验完成后，由教师检查签字。

（3）教师签完字后，学生要拆线路、整理仪器，将仪器恢复到课前状态，捡拾桌面和地面的遗弃物，经教师同意后，方可离开实验室。

注：无任课教师签字的数据无效。

（三）撰写实验报告

写一份合格的实验报告是实验课的一项重要基本功。学生学习实验报告的写作，为今后科学论文的撰写打下基础。

1.实验报告的内容

（1）本次实验的预习报告。

（2）有教师签字的数据表。

（3）数据处理过程和结果（包含计算公式、简单计算过程、作图、不确定度计算、结果表示等）。实验数据一般采用表格记录的方式，将发生的现象用文字进行记录，所作图表应符合规范。实验结果应按标准格式书写，实验结果中有效数字的位数应正确反映实验结果的精密度或不确定度。

（4）对实验结果进行必要的讨论，分析误差来源，回答思考题，总结实验。

2.实验报告的要求

（1）实验报告要求学生独立完成，并认真进行数据处理，不得抄袭别人的结果。

（2）纸面要整洁，字迹工整，用作图法处理数据时，要用坐标纸。

（3）按时提交实验报告。当次实验课提交上次课的实验报告，未经教师同意而过期提交，实验报告无效。

二、学生实验守则

（1）学生要做好课前预习，按时、按组上实验课，要独立完成实验和实验报告。

（2）遵守实验室制度，注意用电安全。

（3）保持实验室安静、清洁，不得将饮料、食物带入实验室。实验完毕后整理好仪器，做好值日。

（4）爱护学校财产，因个人原因损坏仪器设备的，要按学校规定予以赔偿。

（5）严禁弄虚作假，如发现私自涂改数据或抄袭他人报告者，本次实验按零分计。

（6）未写预习报告或迟到 20 分钟以上者，不准进入实验室。

（7）旷课者按零分处理。

第二章 大学物理实验教学模式

第一节 大学物理实验教学模式存在的问题及微课应用

大学物理实验是高等理工科院校对学生进行通识教育的必修基础课程之一，是学生进入大学后接受系统实验技能和方法训练的第一门必修实验课，也是一门实践性和应用性很强的课程，其对培养高水平的工程技术人才和创新人才具有不可替代的重要作用。该课程涉及的知识面较广，具有丰富的实验思想、方法和手段，它不仅能帮助学生正确理解物理概念和规律，培养学生的基本实验技能与动手能力，也可以培养学生的科学思维、科学分析能力、实践能力和创新能力。因此，做好大学物理实验课程设计及教学是非常重要的。而目前的实际情况是，一些地方普通院校对大学物理实验课程的学时有所删减，开设的实验项目较少。针对这种情况，如何通过有限的实验项目充分地发挥大学物理实验的作用、更好地培养大学生的科学实验能力和素质，已经成为当前大学物理实验教学改革的首要任务。

随着科技的飞速发展，微课在教育领域逐渐兴起。微课教学模式在各理论学科的应用研究比较广泛，但应用于大学物理实验教学尤其是短学时大学物理实验教学的研究比较少。为此，本文将微课应用于新形势下的大学物理实验教学，并对其模式进行探索和研究，这对提高当前地方普通院校大学物理实验教学质量和完善人才培养模式具有实际指导意义。

一、大学物理实验教学存在的问题

目前，阻碍大学物理实验教学质量和水平提高的主要因素体现在如下几方面。

（一）课前预习不够充分

对于大学物理实验课，只有学生在上课前对实验目的、原理及仪器使用方法进行预习和充分了解，在动手实验前心里有明确的实验方案，对实验的关键问题有深刻的理解，学生在实验时才能做到胸有成竹，积极发挥主观能动性，提高课堂的教学效果。但实际情况并不是这样，学生对实验的预习程度远远达不到独自完成实验要求的标准，主要存在两方面的原因：一是重视程度不够，大学物理实验多为考察课，很多学生只是照抄教材上的内容，应付教师检查，敷衍了事；二是条件限制，有的学生对实验还是很感兴趣的，但却只能对着教材上的几张实验仪器图片、按照实验步骤自己想象实验的过程。这些因素导致学生在课堂上很难快速地动手实验，经常是一边翻看教材一边操作实验仪器，以至于在实验过程中问题不断，甚至不能按时完成实验。

（二）课堂时间分配难以调和

由于实验教学主要是以学生动手操作完成实验任务为主，教师讲解的时间十分有限。以某校的大学物理实验时间为例，在预习课上教师讲授一个实验项目一般在 20~30 分钟，而在这段时间内，要让学生了解实验目的，理解实验原理，掌握仪器操作方法，清楚实验内容，时间上非常紧张。对于在大学前已经受到过系统实验培训的学生来说，其在实验课上的动手能力会好一些，需要老师在仪器操作方面的讲解就会少一些。但对于来自偏远农村的学生来说，由于上大学前当地教学条件的限制，以及一些学校在应试教育面前重理论、轻实践思想的影响，对实验重视程度不够，这些学生没有经过系统的实验培训，进入大学后，面对实验课堂显得不知所措，对于基本的仪器操作规范也不是很了解，不知怎么操作实验仪器，还往往羞于向老师提问，长此以往，这些学生就会失去对实验课的兴趣。实验课中应用的很多实验原理都是在理论课中学习过的，但学生们对理论知识的掌握程度深浅不一，如果老师在实验课上讲得多了，理论基础扎实的学生就会产生厌烦情绪；如果老师讲得少了，理论知识薄弱的学生又会对原理不理解，只是按照实验步骤机械地完成任务。由于学生间的个人能力差别较大，对知识点的需求有所不同，总而言之，教师不管是对原理还是仪器讲得多或少都不能符合每个学生的个人需求。

（三）没有课后复习条件

大学物理实验课的课后复习要比理论课课后复习难很多。原因就在于，理论课的知识点在课本上写得很详细，学生只要认真地去复习都可以掌握，而且在网络发达的今天，理论知识在网络上应有尽有。而实验课则不同，现在的大学物理实验都是按照课堂上测出数据、课后写出实验报告交由教师批阅这样的流程进行的，学生交上实验报告后就觉得自己的任务已经完成了，这个实验项目从此就被抛之脑后，又开始忙下一个实验项目。整个学期下来，再问学生这个学期都做了哪些物理实验，很多人都没有印象，甚至连实验名称都答不上来，最后什么都没有学到。根据遗忘规律，每个人对已学的知识在一段时间之后都会遗忘，这就需要我们及时地去复习，加深记忆。对于实验课的复习，有些同学可能也做过尝试，但总是收效甚微。这主要是由于实验课涉及实验原理和实验仪器，实验教材上原理部分只是简要地介绍一下，学生看不到仪器实物也不知道如何操作。这样，学生即使有复习的想法，也容易被客观条件限制。学生总是在快要考试的时候，集中到实验室进行复习，这时，教师不可能把全部内容再讲一遍，只能做个别辅导，所以很多学生在不清楚仪器操作规范的情况下会操作失误，对仪器的损坏很大；有的学生不理解实验的原理及设计思路，只是把实验步骤硬背下来，在考试时若实验要求稍作修改，学生就不知如何下手了。

（四）实验学时少，实验项目有限

目前，在重视专业课程教学的氛围下，大多数高校的大学物理实验课程学时被删减，开设的实验项目较少。以某校为例，自 2014 年起，某校的大部分大学物理实验课由原来的 56 学时变为 24 学时，在这 24 学时中还包括 6 学时的非实验操作课。因此，真正的实验操作学时很短，而且实验项目也很少，限制了大学物理实验作用的充分发挥，以及对大学生科学实验能力和素质的培养。

上述大学物理实验教学中存在的这些问题，严重地影响了其教学效果和对人才的培养。为了适应 21 世纪人才培养的要求，应充分发挥大学物理实验课的作用，提高其教学质量，对大学物理实验教学模式进行改革势在必行。

二、微课应用于大学物理实验教学的重要性

微课是指以视频为主要载体,记录教师在课堂内外教育教学过程中围绕某个知识点(重点难点、疑点)或教学环节而开展的精彩的教与学活动的全过程。它的核心是课堂教学视频,此外还有相关的教学设计、素材课件、教学反思、练习测试及师生互动等辅助性教学资源。这些资源以一定的组织关系和呈现方式共同构建了一个半结构化、主题式的"小环境",是在传统课的基础上继承和发展起来的一种新型教学形式。与传统课程教学相比,微课教学具备时间短、内容精、知识点突出、资源容量小等特点,通过微课教学,能够让大学物理实验课变得生动形象、易于掌握,更能吸引学生的注意力。

针对目前大学物理实验教学中存在的问题,结合微课的特点,将微课引入大学物理实验教学中,以提高大学物理实验教学的质量和水平。

(一)体现实验教学真实情景

微课配以 PPT 辅助完成实验教学,PPT 中有文字、音乐、图片,以及动画等各种表现形式,教师还可对照实物进行现场演示。微课不仅内容生动,而且趣味性强,能在短时间内吸引学生的注意力,引发学生思考,这一特点在大学物理实验中能够很好地发挥作用。实验课中很重要的一个环节就是对实验仪器的熟悉和操作,前面已经讲过学生在预习时的弊端,也可以利用微课直观的表现形式来解决这一问题。微课中可以对各种仪器操作进行演示,以及会出现什么现象、要注意哪些问题进行详细讲解,学生在观看的过程中就会有一种身临其境的感觉。学生可以通过观看实验原理及实验仪器操作的微课视频,找到自己不理解、不明白的地方,老师可在课堂上有针对性地解决这些问题。这样,预习的效果就可以大大提高,学生做起实验来也会游刃有余。

(二)满足学生的个性化学习需要

大学物理实验的讲解一般分为原理、仪器、实验内容和步骤这三个部分,我们可以把它们分别以微课的形式上传到网上,学生可以根据自己的需要有选择地进行学习。例如,理论知识相对欠缺的学生,就可以把精力重点投入到对应的原理部分;对于仪器操作比较生疏的学生,则可以把精力投入到仪器识别、操作等学习上;对于一些实验项目中使用过的仪器,在后期实验中又用到了,但学生忘记如何操作的情况,学生就可以通

过微课进行再学习。微课教学视频可以使学生的课后复习变得更简单、方便。因此，大学物理实验教学采取微课的形式，可以满足学生的个性化学习需求，提高课堂的教学效率。

（三）提高学生的学习效率

根据科学研究，一般来讲，成年人能够把注意力持续集中在一件事情上的时间为 15 分钟左右，若长时间地学习，很容易让学习者感到疲劳而失去耐心，导致的结果就是时间没少花而学习效果并没有提高。微课的特点之一就是短小、精炼，一节微课视频时长通常都在 10 分钟左右，时长比较符合学生的视频驻留规律和学习认知特点，能让学生高效地完成学习任务而不会感到疲劳、不会注意力分散；因为微课的容量较小，所以学生既可以在网络中流畅地在线观看微课视频，又可以快速地将其下载到各种移动终端设备上，学生可以充分地利用零碎时间、随时随地进行学习和思考。这样，无论是在实验前，还是在实验后，学生都可以根据自己的需要、自己的时间来安排学习任务。

（四）提高教师的教学水平和教学质量

微课选取的教学内容一般要求主题突出、指向明确、相对完整。它以教学视频片段为主线，引领教学设计（包括教案）、课堂教学时使用到的多媒体素材和课件、教师课后的教学反思、学生的反馈意见等相关教学资源，构成了主题鲜明、类型多样、结构紧凑的"主题单元资源包"，营造了真实的"微教学资源环境"。学生在这种真实的、具体的、典型案例化的教与学情景中实现"隐性知识""默会知识"等高阶思维能力的学习，并实现教学观念、技能、风格的模仿、迁移和提升，从而迅速提升教师的课堂教学水平和教学质量，促进教师的专业成长。

三、微课教学在大学物理实验课程中的具体措施

将微课视频引入到实验课程教学中，主要包括以下教学环节：课前学生观看视频进行学习及实验方案设计；课内进行实验方案修正及实施，教师全程指导；课后学生观看视频进行实验的处理及总结。采取的具体措施如下。

（一）在教学设计和选题方面

大学物理微课教学将根据不同专业、不同实验项目进行教学设计和选题，制订与物理实验微课教学相适应的教学计划与教学大纲，并针对实验教学中的某些知识点，尤其是实验教学重点、难点、问题点等，重新设计、确定实验教学目标，选择实验教学内容，满足不同水平学生的学习需要。

（二）在微课制作方面

微课以微视频为核心，因而微课教学的关键是制作微视频。大学物理实验微视频的制作可根据专业和实验项目（验证性实验项目、设计性实验项目、综合性实验项目）性质的不同采用不同的制作方法。教学录像是简单而普遍的微课制作方法，利用摄像机或录像系统，将教师的讲课、演示、示范等教学活动拍摄下来，制成教学微视频。在有限的条件下，可利用一些简单的应用软件，如 EduCreations 等，或在计算机上录制授课视频，还可以添加一些简易动画、图片等来丰富微课内容的呈现形式。同时，还可以结合先进的数字化仪器设备进行微课资源开发，如利用数字化手持技术制作实验微课，该仪器能将实验过程、实验数据及曲线图实时、准确地记录并呈现，使得微课的形式得以拓展，让学生在学习实验操作、观察宏观实验现象时，能根据数据、曲线的变化分析实验原理。此外，微课内容除了通过老师讲解外，也可借鉴国外添加字幕的方式帮助学生理解知识、强调重难点，也避免因教师的语速过快而使学生忽略了细节内容的问题出现。

（三）在微课教学平台建设方面

大学物理实验微课教学新模式是基于一定的通信技术和网络技术基础，以计算机网络支持环境为平台，由适合的物理实验微课数据库、物理实验教学支撑系统、管理系统构成。物理实验微课数据库主要包括物理实验微课库、实验案例等；物理实验教学支撑系统用于管理和维护物理实验微课的教学，如微课与教学内容的更新、漏洞的修补、功能的完善和升级等，它主要包括教学管理系统、微课发布系统、辅导答疑系统、作业评阅系统、教学评价系统等；管理系统是管理教师对物理实验微课教学支撑系统和物理实验微课数据库进行管理，包括性能管理、故障管理和安全管理等。

（四）在教学评价方面

大学物理实验微课模式的教学评价要多元化，这种模式是建立在互动的师生关系上的，教师对学生的成绩、知识与技能、学习过程，以及学习方法的有效性进行评价。学生也可以对教师的教学态度、教学方式等进行评价，帮助教师适时调整教学策略，强调交互式的师生对话。

将微课与大学物理实验课堂教学有机地结合起来，符合高校物理实验教学的特点，有利于提升学生的学习效果，培养学生的实践应用能力，是打造高效课堂教学的一种有效手段。微课教学模式对培养工程技术人才和创新型人才具有非常重要的意义，但目前大学物理实验微课教学模式还不够成熟与完善，普及面不足。因此，需要教育界人士进一步积极探索研究，使微课教学模式在大学物理实验教学中发挥更大的作用。

第二节 基于 PBL 的大学物理实验教学模式

实施创新驱动发展战略，推动以科技创新为核心的全面创新，让创新成为推动发展的第一动力，是适应和引领我国经济发展新常态的现实需要，而提升创造力从根本上应从教育抓起。树立创新意识，培养创造力是青少年成才的关键，应该是新时代教育的重中之重，而自主探究的学习精神始终是适应新时期科技迅猛发展形势的学习者应具备的。在科技是第一生产力的当下，高等教育体系中大学物理学作为理工专业学生的必修课，在培养学生创造力和自主探究精神的责任上应该是非常重要的。

大学物理学这门课分为理论课和实验课两部分。其中，理论课部分由于知识的系统性和连贯性要求，以及教学课时的限制，主要采用教师主导的教学方式，很难兼顾对学生的创造力培养，更难以激发学生的自主探究精神。而针对性的相关改革仅局限在内容的创新方面，主要由教师设计引导和发起，并不适合在教学模式方面进行全面的改革。实验课部分则对于知识的系统性和连贯性要求很低，甚至选题的内容都根据培养目的的不同而有很大的选择自由度。又由于实验科学本身对探究精神和创新能力的要求，必然要承担起对学生的创造力培养及主动探究学习精神培养的主要责任。

大学物理实验课的传统教学模式是：在课前，学生写好预习报告；在课上，任课教师向学生介绍该实验所配置仪器的使用方法。在这种模式下，学生预习纯粹靠抄书，理解效果不佳，更没有自己独立的设计与思考，这样的实验课除了学生对老师的模仿，其实很难真正地锻炼学生的创造力，也很难调动起学生的探究热情，学生对实验的细节设计的原理和原因理解得也不深刻。

传统的大学物理实验的教学模式已经不适应培养有创造力和自主探究学习精神的新时代人才的需要，这就要求高校物理教育工作者积极努力探索新的实验教学模式来适应发展。

一、全新教学模式——PBL

针对传统的教学模式对于学生创造力和主动学习精神培养上的欠缺，1969 年，美国的神经病学教授巴罗斯（Barrows HS）提出了以问题为导向的教学方法（Problem-Based Learning，PBL）。这种教学模式是基于现实世界的以学生为中心的教育方式，把传统的学生被动接受式学习转变为主动探究式学习的过程。此方法一经提出，引起了全球教育界的轰动，在很多世界顶级高校的各学科、专业中流行起来。

PBL 是基于现实世界的以学生为中心的教育方式，它有五大特征：（1）从一个需要解决的问题开始学习，这个问题被称为驱动问题。（2）学生在一个真实的情境中对驱动问题展开探究，解决问题的过程类似于学科专家的研究过程。学生在探究过程中学习及应用学科思想。（3）教师、学生、社区成员参加协作性的活动，一同寻找解决问题的方法，与专家解决问题时所处的社会情境类似。（4）学习技术给学生提供了脚手架，帮助学生在活动的过程中提升能力。（5）学生要创制出一套能解决问题的可行产品，是课堂学习的成果，是可以公开分享的。

二、新型 PBL 式大学物理实验模式设计

基于 PBL 理念的大学物理实验全新教学模式分为以下几步。

（一）课前准备

1.题目准备

教师将实验题目分为三类，即验证性实验、设计性实验和仪器使用训练性实验；取

消所有封闭式仪器，即仅通过开关旋钮就可测量数据的实验项目。

2.教师准备

上述三类实验对学生的考查能力是有区别的，教师应针对培养需求和实验室条件做好如下准备。

（1）验证性实验：应该是对已学过的定理定律的验证，这样的实验需要实验者思考如何利用已掌握的知识来选择需测量的物理量，并设计合理的证明过程。方法并不唯一，工具也不是唯一的。这就要求教师对可能想到的方法都了解甚至熟知，对于可能出现的问题进行预想准备。对于没有统一答案的测量数据，应有大致的判断评估。

（2）设计性实验：由于设计性实验的开放性较大，教师可以根据实验室现有条件对该实验的方法做必要的限定和引导。在条件允许的情况下，可以尽可能多地提供各种方法所需的实验仪器和备品。

（3）仪器使用训练性实验：这类实验往往要求学生熟练掌握仪器，老师可以给学生设置多个难度不同、考查点不同的待测量问题，对于仪器操作方面需要注意到的问题，应设置对应的考题，以达到让学生全面深刻掌握仪器操控技巧的目的。

3.实验室准备

在实验器材和备品方面，要依照各种预想做好相应的准备，并且要考虑到同种实验学生们可能会应用相同的方法，这就需要备齐足够数量的器材和备品。在备品摆放时，应该按其属类统一摆放，避免按实验题目分区摆放，否则可能会限定学生的思维。

4.学生准备

由于问题式教学法较传统的教学模式对学生分析问题、解决问题能力的要求大大提高，所以需要将学生按人数和分工来分组，每组人数不超过 4 人，以 3 人为宜。在课前，由老师提出实验题目，并介绍其实验类别和注意事项，对实验的难点和重点予以提示，以便学生在课下分工后借助网络和书籍等对所学的知识进行总结和复习，以及对新的知识进行搜索学习，经过讨论选择适当的实验方法：对验证性实验准备好实验数据表格；对设计性实验应提前了解实验室的设备和备品名目，写出相关理论并列出实验步骤；对仪器训练实验也应写出仪器相关理论，对内部构造了解且预估其操作难点，并设想应对之法。学生小组成员应分工明确，责任共担，完成各自的预习工作；应互相介绍自己负责的部分，确保每个成员都对实验有整体的认识，分别提出设想，经分析讨论决定最终的方案。

（二）课上实验

学生按课前准备的内容，以组为单位先对老师作简要汇报，教师应对破坏实验仪器及违背实验原则的重大问题予以纠正，对于细节性问题不作肯定与否定的回答、不作主观评判，但对于学生的认知误区加以提醒和纠正。在操作阶段，教师要留心观察学生的举动，对其遇到的困难做到心中有数，但不作过多干涉；而对于学生的求助，在超出学生能力范围时，教师可以适时予帮助，注意不要急着处理问题，应给遇到困难的学生留有独立思考的时间。在实验结束后，应预留一段时间，由学生总结问题和不足，也可由老师提出问题，学生们以组为单位来回答，再由其他同学或教师进行补充，最后由教师对本节重点进行小结，并学生回答不准确的问题进行纠正和补充。

（三）课后总结

学生应对课前准备与课上实验中的不足进行总结，并分析其原因，写出完整的实验报告。小组中，实验报告应该人手一份，且原则上要求组员独立完成。教师对实验的三种不同类型，从设计是否具有独创性、证明方法是否合理、操作是否规范熟练、数据是否准确、实验报告的数据处理过程是否完善、失误原因分析正确与否等多个维度去评判学生实验，并给出分数。对此实验成绩，应制定详细的评判标准，在课前准备时就告知学生。

三、新型 PBL 式大学物理实验模式的优势

新型 PBL 实验教学模式在多个方面都具有明显的优势，具体如下。

（1）可以促进学生不断地思考。学生为解决问题需要查阅课外资料，归纳、整理所学的知识与技能，改变了"我讲你听，我做你看""预习—听课—复习—考试"四段式教学方法，让孤立的知识化作整体的知识链，触类旁通，突出了"课堂是灵魂，学生是主体，教师是关键"的教学理念，有利于培养学生的自主学习精神。

（2）将 PBL 教学过程应用于大学物理实验中，验证性和设计性实验的方法和具体步骤不再由教材来规定好，而是需要学生运用已掌握的知识结合搜索到的新的知识，自己设计实验方法和过程。这个过程对于学生创造力的培养是至关重要的。

（3）它为学生们营造了一个轻松、主动的学习氛围，使其能够自主地、积极地表

达自己的观点，也容易从其他同学和老师那里获得一些信息。

（4）可以促使学生在课程方面的问题尽可能多地暴露出来，在讨论中加深学生对正确理论的理解，不断发现和解答新问题，进而加深印象，缩短学习的过程。

（5）它不仅对理论学习大有益处，还可锻炼学生们多方面的能力，如文献检索、查阅资料的能力，归纳总结、综合理解的能力，逻辑推理、口头表达的能力，主导学习、终身学习的能力等。

四、PBL 教学法的基本原理及教学设计

PBL 体现了建构主义、人本主义等教学理念，强调把学习置于复杂的、有意义的问题情境中，通过让学习者以小组合作的形式共同解决复杂的、实际的或真实性的问题，来学习隐含于问题背后的科学知识，以促进他们解决问题、自主学习和终身学习能力的发展。当前，PBL 已成为国际上较流行的教学方法，世界范围内的高校都在不同程度上对 PBL 教学模式进行尝试，国内多门学科的实验教学中也已广泛采用这个模式，效果也被广泛证实。

在大学物理实验课程的综合设计性实验教学中运用 PBL，需要突出以问题为导向、以学生自主学习为主的本质，重点把握好创设问题情境、分组讨论、合作实验、汇报交流和总结评价等环节。下面，我们以微小量的测量为例，介绍 PBL 的教学设计。

（一）创设问题情境

PBL 中的问题不是直接给出的，而是隐含于问题情境中的。问题情境的创设要联系生活和生产实际。在微小量的测量中，我们创设了这样的问题情境：小明新买了一部手机，准备去贴膜，商家有几种不同价格的膜供其选择，请问，如果你是小明，你会依据什么来选择手机膜？

在这一问题情境中，学生的回答是多样的，比如透光率、硬度和厚度等。教师提供一些阅读资料，说明厚度是判断其质量的一个重要因素，在相同条件下，手机膜越薄，质量也就越好。教师再追问学生是否知道自己的手机膜厚度，推广到生活中，还有很多微小的物体是难以测量的，如保鲜膜、细钢丝等，这样我们就确定了微小量的测量实验课题，提供了手机膜、保鲜膜和细钢丝三种物品，学生选择其中的一种作为研究对象进

行测量。

（二）分组讨论

对学生进行分组，以 3~5 人为一组，组员之间既要相互合作，又要进行分工，如确定组长、记录员、操作员、汇报员等角色，大家需明确各自的责任。教师要适时给予学生参考资料，便于学生查阅。学生通过查阅资料、组内交流讨论，设计出各自的操作方案。在操作前要求达到：（1）能解释测量方法的具体原理。（2）明确列出实验方案、方案中具体的步骤和所需要的实验器材。（3）提出实验中可能会出现的问题和困难。

（三）合作实验

学生根据实验方案和小组分工开展实验操作，记录实验数据并完成实验报告。在操作中会遇到各种各样的问题，例如，手机膜的厚度在 3mm 左右，而保鲜膜的厚度在 0.03mm 左右，两者在用迈克尔逊干涉仪进行测量时对光源的选择是不同的；对白光光源的双干涉条纹调节要求比较高，学生会因为难以调节而放弃；在用光杠杆法测量时，可以使用多块手机膜，采用逐差法减少实验误差等。教师要不断观察并适时指导，帮助学生分析原因、制定修改方案，协助学生完成实验。

（四）汇报交流

实验完成后，要让每个小组推荐自己的代表上台进行交流汇报，讲解他们对问题的研究过程及结论、在操作过程中遇到的困难及采取的措施、对实验的进一步思考与想法等。可以采用不同的形式、工具和技能，如现场展示、图表、口头表述等方式。学生的总结是不完善的、缺乏严密性和完整性的，教师要根据学生的汇报情况加以总结和引导，促使学生建立系统的知识结构。

（五）总结评价

学生的实验成绩由过程性评价和形成性评价两方面来评定。在过程性评价环节，主要采用学生的自评、学生间的互评和教师评价相结合的方式，参考依据为学生在这个过程中的参与程度、表现和作用等，并指出好的方面和有待改进的方面，注重发挥评价的激励和促进功能。形成性评价主要包括实验的设计、实验结果的分析和实验报告的质量三个方面。

从教学设计分析，PBL 教学法将实验的主动权交还给了学生，与综合设计性实验的要求相符合，并体现出两个重要的特点。一是重视问题情境的创设，建构主义理论和心理学研究都表明，只有大部分学生认为这个问题的解决很有意义和必要，才能产生积极的情感和行为的投入，有效提高解决问题的质量，反之则持完成任务的心态，过程和质量都无法达到预期效果。PBL 以联系生活、生产实际的问题情境来引出实验课题，有效地提高了学生对问题解决的动机和期盼。二是设计了交流汇报环节，这是一个类学术交流的环节，学生通过展示自己的研究成果、交流研究心得，可以开阔视野、拓展思维，使认知得到提高。如在微小量的测量中，学生汇报交流了设计原理、操作中遇到的困难和采取的应对措施、数据的处理过程和误差来源，并比较了各种测量方法的优缺点，知识和创新能力得到了发展。迈克尔逊干涉仪的实验原理较复杂、操作要求也比较高，通过这一环节，学生对迈克尔逊干涉仪及干涉原理的认知有了很大的提高。

五、PBL 教学法的应用体会

（一）提高了学生的创新能力和综合实践能力

在实验课题确定之后，实验的原理和方案都是未知的，学生需要根据已有的知识储备，通过查阅资料、小组合作的方式来确定实验和方案，这个过程经历了不同思维的碰撞和富含创造性的设计；在汇报交流环节，学生通过各组间实验原理和方案的对比交流，能引发思维的冲突和拓展；实验的操作环节是由学生完成的，需要选择、搭建实验器材，处理实验中可能出现的问题等，培养了学生的综合实践能力和处理问题能力。

（二）培养了学生的交流合作和团队协作能力

由于思维、习惯和基础的不同，每个学生都会有不同的设想、构思，这就只能通过倾听他人的想法和意见，经过沟通和讨论后，才能形成统一的意见，培养了学生的交流合作能力；在实验操作过程中，也要经过合理分工安排、积极参与和配合，这也培养了学生的团队协作精神。

（三）拓展了评价的功能和范围

PBL 教学法能更好地开展过程性评价，在实验过程中，教师能够根据学生的具体表现，如通过交流合作、分析判断、综合设计、实践操作等能力对学生进行评价，学生自评、互评也能得以实施。这些评价能够反映学生的现实状况，明确其存在的缺点和不足，进而可以有针对性地解决问题，促进学生的发展、教师的成长和教学质量的提高。

六、PBL 教学法的注意点

（一）问题的创设要注重情境性和艺术性

问题情境的创设是 PBL 教学中重要的一环，它在很大程度上决定着教学设计能否激发学生的兴趣和参与的积极性。问题的情境性是指问题不是直接抛给学生的，而是给学生提供一种包含问题的实际生活体验；问题的艺术性就是要赋予语言情感，让学生产生积极的情感投入。

（二）小组成员间要具有互补性

小组学习是 PBL 教学的重要环节，其本质是一个团队的协作配合。合理的团队组成能使成员之间发挥各自所长，产生互补、促进的效果。在小组的分配上，成员间要具有互补性，一是角色上的互补，如组织员、记录员、操作员、汇报员等角色要互补，各小组需要有适合承担相应角色的成员；二是能力上的互补，研究型的实验团队需要成员具有创新设计能力、实践操作能力和数据分析处理能力等；三是性格上的互补，如果小组内都是内向型性格的人，在合作、讨论等过程中，较易产生冷场的局面，因此小组需要由内向型和外向型性格的学生合理搭配组成。

（三）教师的引导帮助要有针对性

PBL 教学的顺利开展，教师的引导和帮助是必不可少的，教师的引导帮助要注重针对性。课前的引导重点在于知识的储备。当学生确立所要研究的问题后，教师要帮助其明确涉及知识的范围并提供一定的阅读材料，包括文献、视频资料等，让学生有一个基本的知识储备。分组讨论环节的重点在于答疑解难和进度的调配，教师要对毫无头绪的小组要进行适当的干预和帮助，对设计错误的小组要进行引导，对设计合理的小组要进行鼓励，使各小组都能深入开展，相互间可以比拼赶超。课后的引导在于总结的系统性，学生的结论有不足和不够系统的地方，在学生交流汇报之后，教师的重点工作在于引导学生建立系统的知识结构。

（四）开放性实验室的支持

采用 PBL 的教学方法，各小组之间的进度会有很大的差别，也不可能都在规定的时间内完成实验研究任务。采用 PBL 教学方法完成一个综合设计性实验大概需要 2~3 周，各小组需要获得实验器材的支持，根据自己的实际情况到实验室进行实验研究。为此，采用 PBL 教学方法，需要有一个配套的开放性实验室的支持。

第三节 虚实结合下的大学物理实验教学模式

大学物理实验课程为大学理工科基础教学课程，也是理工科学生系统实验教学及实验技巧传输的主要渠道。在以往的大学物理实验课程教学中，主要通过学生阅读教材进行课程预习，然后再到实验室进行实际操作测设。在预习阶段，学生无法看到实验设备，很难了解到实验设备的构造及其运行原理。在这种情况下，对虚实结合下的大学物理实验教学模式进行适当分析就变得非常重要。

一、虚实结合下的大学物理实验教学概述

虚拟实验主要利用虚拟现实技术，在计算机平台上，依托传统实验资源，搭建集虚拟技术、现实资源为一体的软硬件操作环境。虚实结合的大学物理实验指导，可以在一定程度上代替传统实验教学，突破空间的限制。

二、虚实结合下的大学物理实验教学模式应用优势

（一）加强课程的预习效果

基于虚实结合的大学物理实验教学，可以利用计算机将教材内容、师生操作、实验设备等有机地整合在一起，构建仿真的教学环境。通过对仪器功能、操作方法及实验思想的全面分析，可以加强学生对教材内容的理解，更好地达到大学物理实验课程的预习效果。

（二）提高学生的学习兴趣

大学物理教师可以通过虚拟仪器演示实验，为专业学生提供直观的印象，激发学生对物理规律的验证兴趣，培养学生科学的思维模式。

（三）提高学生的创新能力

大学物理实验操作具有一定的规范性及程式性，通过仿真实验观察后操作练习，可以帮助专业学生明确操作要点，并感受多个视角的实验创新。不仅可以揭示基础物理现象本质及相关模块间的联系，而且可以催生新的物理实验研究成果，进而培养学生的创新意识及创新能力。

三、虚实结合下的大学物理实验教学模式构建措施

（一）实验教学模式设计

基于虚实结合的物理实验平台可以为学生提供集知识、实验、信息为一体的学习环境。在具体教学过程中，大学物理教师不仅需要向学生传输物理实验教材知识，而且需要帮助学生掌握物理实验技巧。在这一目标的引导下，大学物理教师可以物理实验中心网站建设为重要工作之一，以校园网物理科学院主页为平台，将主页网站与计算机仿真软件连接。

基于虚实结合的大学物理实验教学网络主要包括学生模块、教师指导和仿真实验等环节。其中，在仿真实验模块，大学物理教师可与学院管理部协调，从专业机构购买大

学物理仿真实验的相应版本。依据物理实验教材内容，将基础实验项目理论知识及仪器使用方式纳入物理实验平台中。学生可以通过学号注册进入仿真实验平台，预习课程内容。需要注意的是，在课堂仿真实验设计阶段，为保证仿真实验教学效果，大学物理教师应以"散件"的形式，进行实验装置设置，即将除电源、电表、光源等基础设置外的各实验模块划分为若干个小单元，要求学生依据教材内容及预习结果自我组装，以便帮助学生及时发现自身的不足，及时明确复习及巩固的要点。

以测量声速实验装置设计为例，依据大学实验室测声速实验理论，可得出声波波长、频率是实验室测声速的主要影响因素。同时，考虑到声音的传播速度、介质性质、温度等影响因素，可选择波长较短且传播方向性好的超声波作为大学物理振动源。由于大学物理教材规定声波测量主要用驻波法、相位比较法，所以可运用 Lab View 中的多个控制构件，进行实验程序框的合理设置。

（二）实验教学内容设计

依据开放型现代化物理教学要求，多数大学物理科学学院引入了基于计算机网络技术的实验教学管理系统。主要包括服务器、客户端、互联网三个模块，其中，服务器主要管理内容有学生实验项目选择、教师实验课程管理、学生管理等，具有实验报告提交、实验仿真、实验预习、实验课程管理等多方面功能；客户端为移动智能终端或计算机，可利用互联网与服务器进行信息交互。

以某大学物理实验室为例，主要包括光学实验室、热力学实验室、电磁学实验室、声学实验室等模块，可进行多个基础性实验、综合性实验和设计性实验。该大学各专业的物理实验课时大多为 30 学时，多数学生并不能在学期内完成全部实验项目学习。为满足相关专业学生的学习及发展需要，依据物理实验教学的课时特点，大学物理课程管理人员可从实验理论、综合性实验、设计性实验、验证性实验这几个方面，对大学物理实验模块进行进一步划分，如分成电子信息类、化工类、农林类、物理类等，调整各类实验的比例和侧重点。在确定具体的教学内容后，进行实验课程体系的搭建，依据不同模组实验任务的项目特点，可合理设置实验项目内容。

（三）实验教学模式应用

在虚实结合的大学物理实验教学模式的应用方面，以声波测量实验教学为例进行阐述。

首先，在驻波法测量波长仿真实验设计时，由于驻波法为左边超声波发射面平面波，超声波发射面和超声波接收面位于同一水平线上。在这种情况下，超声波接收面某点就成为超声波接收面的反射点。在实验参数设计时，可通过条件的施加，促使入射波、反射波相互干涉，以便形成驻波。此时，超声波接收面某一位置就为介质位移波节。在这一位置，声压波幅可达到最大。在仿真模拟实验开展的过程中，学生可移动鼠标调整超声波接收面的位置，以示波器任意两值振幅最大为标准，进行仿真分析。即通过波动示波器显示"按钮"，将其调整至区域外其他模块。同时，依据超声波发射面波形、超声波接收面反射波形叠加情况，以超声波发射面与超声波接收面距离为波长的一半为标准。移动超声波接收面，以获得示波器显示波形峰值。

在上述仿真实验开展的过程中，示波器波形会出现周期性变化，此时示波器波形峰值最大值间距离就为声波波长。

其次，在应用相位比较法测量波长时，由于超声波经空气介质传播至接收器，超声波发射面、超声波接收面间同一时间段内的振动相位差，与超声波发射面与超声波接收面间的距离具有一定联系。即在超声波发射面与超声波接收面间距离与振动频率呈正相关时，假定超声波发射面和超声波接收面间的距离与振动频率的比值为 L，若 L=nf，则超声波发射面与超声波接收面振动同相。在上述等式中，n 为常数，f 为超声波振动频率。

利用 LabView 软件，可进行声速前置板测量模块设置。若波动示波器"按钮"旋转至"X-Y"位置，可得到超声波发射面波形、超声波接收面波形叠加点。此时，仿真屏幕上会显示两幅振动合成图像，其频率一致，振动方向呈 90°。则可通过测量对应声波的波长，结合声波振动频率，获得空气声音行进速度。

最后，依据声波测量物理实验仿真效果，大学物理实验教师可依据计算机软件特点，进行多模块物理量虚拟实验项目的设置，如傅里叶分析、普朗克常数、钢丝的杨氏模量等。随后，大学物理实验教师将前期设计虚拟程序进行编译分组，转化为可执行文件，并将最终文件传送到物理科学学院公共网站或学校首页，为相关专业学生预习、实践提供充足的资源。

四、虚实结合下的大学物理实验教学模式实例分析

（一）实验概述

以光电效应实验为例，光线照射到某些物质表层，通过光能量转化为电能量，会导

致物质电性质发生变化，即光电效应。以量子论为视角，通过光电效应，可以形成更加直观的量子物理图像。据此，通过光电效应实验，可以获得自然界普适常数，即普朗克常数。

（二）前期准备

在前期准备阶段，教师可以依据光电效应实验原理图，要求学生阅读教材，以光电管的光电流、电压关系为切入点，进行实验原理分析。依据光电管伏安特性曲线特点，光电效应存在一个截止频率。若入射光频率在光电效应截止频率以下时，光照强度不会影响光电子产生效果。此时，阴极材料为光电效应截止频率的主要影响因素。在光电管两端增设反向电压时，光电流会以一个较大的速度下滑，直至反向电压达到某一节点电压为止。在这种情况下，节点电压就称之为遏止电压，光电子就存在一个最大的初始动能。而在光电子为最大初始动能时，光电子电流、电压间关系可以用爱因斯坦光电效应方程表示，即 $1/2mv2=eUj$。

在爱因斯坦光电效应方程中，光电流遏止电压、照射光频率为直线关系。即依据光电子遏止电压、照射光频率比值，可直接进行光的截止频率计算。同时，考虑到暗电流、阳极光电流对光电子的影响，可依据多频率下由阴极光电效应产生的光电光伏安特性，对光电子遏止电压进行分析。

（三）实验仿真

在了解教材的基础上，大学物理教师可利用相关物理实验仿真软件，在大学物理实验课程网站上，要求专业学生以学号登录的方式，随机选定实验内容，在对应仿真实验平台中分析实验原理。随后，要求专业学生根据仿真实验内容，反复进行操作练习。

在实际实验仿真阶段，依据光电效应仿真实验仪器显示情况，专业学生可直接点击相关仪器，观看仪器标注名称、实验理论、设计意义、现代应用，以及开展背景等。

为获得准确的光电效应普朗克常数，需要保证实验单色光源及遏止电压符合要求。据此，在物理实际实验开展阶段，物理专业学生可在高压汞灯应用的基础上，利用石英单色仪、滤光片等装置，保证单色光光源效果。同时，依据光电效应伏安特性曲线特点，确定光电子遏止电压数值。或者采用拐点法，利用计算机数据处理软件，进行光电子遏止电压计算。

（四）实验总结

依据物理仿真实验情况，在实验中，学生可以依据教师的提问信息，明确实验注意事项，在较短的时间内进入实验状态。由于在仿真实验中无设计暗电流的环节，在具体实验中，教师可以先要求学生进行暗电流测量。随后，以寻找拐点遏止电压为目标，借鉴仿真实验经验，进行光电管伏安特性曲线测量作业。同时，依据前期的记录数据，进行多频率下遏止电压——光电流曲线的绘制。通过曲线关系分析，可以通过计算遏止电压——光电流直线斜率，获得光电效应普朗克常数。最后，进行实验总结。

五、虚实结合下的大学物理实验教学模式应用挑战

一方面，我国物理虚拟实验教学模式应用起步较晚，在物理虚拟实验开发技术、设备等方面还不完善，影响了物理虚拟教学平台的应用效力。

另一方面，物理实验结果具有一定的隐蔽性。在物理仿真实验中，由于缺乏实际操作，如果相关专业人员对对应模块知识不够了解，就会加剧物理仿真实验设备操作的复杂性，增加学生实验操作的难度。同时，物理虚拟教学平台建设成本较高，在仿真实验平台建设初期，也需要一定的维护成本，在一定程度上制约了物理虚拟教学平台的建设效率。

此外，部分物理实验具有一定的风险性，如电力实验。在仿真实验平台中，学生并不能直接感知到可能会出现的实验风险，从而增加了实际操作中安全事故出现的概率。

综上所述，基于虚实结合的大学物理实验，可以从时间、空间两个模块延伸大学物理实验教学空间，在提高大学物理实验教学效率的同时，缓解大学物理实验设备设施、师资紧张的情况，提高专业学生对物理实验的兴趣。因此，在大学物理实验课程开展的过程中，大学物理教学人员可依据专业教学内容，合理利用计算机软件或传感器，构建仿真教学平台。通过声波、光强等物理量测量实验平台的搭建，结合实际操作演练，可以增强专业学生的实践创新能力，更好地达到大学物理课程的教学效果。

第四节 网络环境下大学物理实验教学模式

随着科学技术的进步，集声音、图像、视频、通信于一体的现代网络技术应用于教学，已经成为广大教师争相采用的新模式，它以生动、逼真的网络学习环境，给师生打造了一个新颖的教学模式、生动的教学环境和操作性强的学习平台。大学物理实验是相关专业学生的必修基础学科实验课程之一。基于网络平台的物理实验教学以课堂教学为主、网络平台为辅，将应用信息化手段与传统教学手段有机结合的方式。在大学中，学习物理实验理论和实验方法及实验技能，物理实验教学是重要途径，意在提升学生的科学研究能力与实践创新能力。为此，教学方式也应跟上时代的步伐，顺应时代发展的潮流，将传统的物理实验教学模式与网络技术相结合，在网络环境下创新大学物理实验教学模式，提升物理实验教学的实效性，对提高教学质量和效益，都具有重要的现实意义。

一、网络环境下创新大学物理实验教学模式的作用

高校物理实验教师要转变传统教学观念，积极引导学生在物理学习和实验研究的过程中勇于探索、敢于创新，对培养学生独立实验的能力、分析与研究的能力、创新能力、理论联系实际的能力，开拓学生的思维和视野，具有重要作用。通过现代教育技术不断创新实验教学方法和技巧，在将知识传递给学生的同时，也要激发学生的好奇心和求知欲，形成内部驱动力，增强学生的手脑协调性，并指导学生运用仪器设备进行科学探究，培养学生的实践技能。

（一）丰富教学资源，实现资源的共享

随着各类移动终端的迅速普及，以及校园无线网络的全面覆盖，利用网络自主学习已经成为高校学生学习和生活中必不可少的一部分。对于高校物理实验课程，在网络环境下现代教育技术、多媒体技术的运用下，它是有效指导学生进行实践学习的新型教学

模式。它可以通过网络技术将在线开放的各个学校的精品课程、微视频、校内特有的网络学习资源，以及实验老师制作的相关教学课件和学习资料等进行资源共享，还可以有目的、有方法地引导学生学习。同时，可以使实验教学课堂内容得到有效扩展，学生还可以不受时间和地域的限制，随时随地查阅实验课程相关信息，了解实验的整个环节及学校现有仪器的操作方法。

（二）培养创新型人才，提高学生的综合素养

在网络环境下进行物理实验教学，有助于学生开展自主探究学习，提升学生的自主能力、创新能力、实践能力。在实验教学的过程中，教师要利用网络环境中有效的学习资源对学生进行学习指导，培养学生理论与实践相结合的学习能力和实践操作能力，增强探究科学意识、创新意识。总之，大学物理实验课程在新的远程教育环境下的内涵被进一步丰富了，远程教育环境下课程文化的建设使每个学生能够及时、快速更新知识结构，不断提高自我学习的能力。

除此之外，在物理实验中，由于网络教学环境的影响，学生的身份也由被动学习知识者转变为学习的主导者，学生可以自主、自发地进行实践操作，既提升了学生的自我管理能力，又能提升学生的综合素养。

（三）营造课堂氛围，提升学生的学习兴趣

网络环境的运用，使大学物理实验的课堂教学以生动、形象的画面展现在学生面前，这样既能调动学生的学习积极性，又让他们成为课堂的主体，激发学习兴趣，提升学习主动性。同时，也能提升课堂教学效率，促使学生进行自主学习，积极发现问题，在观察和交流下丰富了教学形式，营造了轻松的课堂氛围，这对学生进行信息资源检索、提高资源利用能力也有一定帮助。除此之外，学生在大学物理实验预习、操作过程中，遇到问题可自主上网查询资料或通过网络平台实时与教师沟通、交流，及时解决疑难问题，提高学习兴趣。

（四）增强师生交互，培养学生的自主能力

相较于传统教学模式师生交流互动匮乏的现象，在网络环境下教学模式极大地增加了师生间沟通、交流的机会，教师利用网络平台与学生进行交流，学生也可利用共享资源进行自我检测，将存在的问题及时反馈给教师，或者通过网络自行查找解决问题的答

案，这样的多种选择方案不仅能够加强大学生对课程案例问题的认知和理解，也可以通过网络与老师或者同学进行交流。师生通过网络进行交流，可以有效增进情感，网络教育也可以促进教学效率的提升，培养学生的主动学习能力和自我管理能力。

二、网络环境下大学物理实验教学模式新方法

当下，网络环境发展态势良好，充分利用网络平台进行实验教学是高校实验教师在完成实验课程之外需要探讨的一项重要工作。这就要求教师在实验教学的基础上，通过网络平台，实现有效预习、预习效果检测、仿真动画、演示实验、视野拓展、师生互动以及考试测评等项目，引入物理实验课程的多元化预习，并开展以学生为中心的课堂演示实验教学，以及通过网络进行的互动测评考核，为大学物理实验课程的改革提供新思路。

（一）利用网络环境进行多元化预习

目前，在高校的教学过程中，作为基础课程的物理实验教学内容覆盖范围广，涉及的知识面宽，在实验过程中又需要从测量计量、实验数据分析、数据误差等诸多方面进行讲解、实际操作，但又因受总课时的影响，学生在实验过程中不能深入开创思维，在网络环境下，运用现代教育技术可以有效地解决该问题。

课前进行实验预习，可以有效帮助学生对实验过程进行初步认识，有利于激发学生的探索精神，培养创新意识，摆脱传统的照本宣科抄写实验报告的状态。在网络环境下，采用新型教学模式，利用网上课前预习，实验教师提前将要开设的实验预习内容、操作方法、注意事项和有关仪器使用的短视频上传到预习平台上，学生可根据自身学习能力自主通过手机或电脑进行选择性观看预习，既拓宽了学生的知识面，又提高了预习效率，还培养了学生的创新能力和动手能力。

（二）利用网络环境进行课堂演示实验教学

课堂演示实验教学不同于传统实验教学，它是在网络环境下利用现代网络技术将网络资源、动态演示实验进行多媒体投射的教学，仿真的动态演示实验可以更大程度地播放实验过程，对于课程的重点、难点学生可反复观看。课堂演示实验教学对于教师而言，可以增强实验教学的效果，有助于改善教学方式，提高实验数据的准确率；对于学生而

言，在课堂实验过程中，学生可以带着问题进行实验操作，以往抽象的物理实验以形象生动的形式展现在学生面前，避免了因教学空间造成的学生观看不到实验等问题，而且还有利于学生根据学习进度调整实践操作时间，也有利于学生与教师、学生与学生之间的问题探讨，降低实验失误率。

（三）利用网络环境进行互动测评考核

教师可利用网络环境，设置课后互动模块，如作业批改、答疑等，这样就避免了物理实验止于课堂的传统，为有学习兴趣的学生提供广阔的学习空间；还可利用网络环境细化平时成绩考核，让感兴趣的学生重拾信心；需要通过网络资源进行实验数据、实验报告处理，教学全过程实现资源共享。学生可通过网络平台进行实验数据处理，提交电子实习报告，教师可通过网络平台进行成绩评定。这样做提高了学生的动手能力、逻辑思维能力，拓宽了学生的视野，激发了学生的学习兴趣，促进学生的自主学习，为培养复合型、应用型人才奠定良好基础。

综上所述，随着网络技术的迅速发展，网络在人们生活中的普及程度发生了重大变革，而且这种变革的程度还在不断加深。在这样的大环境下，要保持或进一步提高网络的辅助教学作用，需要不断完善和更新网络教学资源，实现大学物理实验课程的创新性、实践性和培养应用型人才的主题目标，提升大学物理实验的教学效果。因此，在网络技术急速发展的情况下，创新教学模式可以在极大程度上提升学生的学习兴趣，提升教学的实效性。

第五节 基于翻转课堂的大学物理实验教学模式

大学物理实验课程旨在培养学生的科学素养和科学实验技能及能力，培养高素质的专业应用型人才。就目前我国大学物理实验教学情况来看，仍在以测量性实验和验证性实验为主，传统的讲授式和模仿性教学模式抑制了学生对实验课程本身的兴趣，制约了创新性人才的培养，使得原本充满探究乐趣的大学物理实验课程成为不得不开设的课程。借鉴翻转课堂教学理念，结合大学物理实验教学的特点，可利用信息技术和网络教学环境改革传统大学物理实验教学模式，提高学生主动学习的积极性，提高实验课程的教学效果。

一、大学物理实验教学现状及存在的主要问题

实验教学是在教师的指导下，学生使用相应的实验仪器在实验室条件下控制变量使实验对象呈现一定的变化或过程，并观察和分析事物的具体运动过程，从而把握变化规律或验证知识，培养学生的实验技能和科学探究精神。实验教学模式能够联系理论与实际，有助于学生理解和巩固知识，培养学生的观察能力、思维能力、创造能力和动手能力。传统讲授式的大学物理实验教学模式已经不适合应用性及创新型人才培养的需求，成为实验教学改革和实验教学质量提高的阻碍因素。主要表现为以下几点。

（一）讲授式教学方式较机械，不能引起学生的重视

现行的大学物理实验教学以讲授式为主，课堂讲授包括实验目的、原理、器材、操作步骤、注意事项等，占用课堂时间较多，甚至多数实验教师为学生演示实验步骤，学生只需按照教师演示的步骤机械地重复操作，并记录实验数据就可完成实验任务。这种步骤既定、结果已知、方法单一的实验教学很难引起学生对课程的重视，不能达到培养学生的动手实践能力、并促进其形成科学的思维方法的教学目的。

（二）教学模式僵化，不利于学生创新意识的培养

大多数大学物理实验模板设置得非常详细，包括实验原理、测量仪器、实验方法、待测物理量及数据表格、实验数据的处理等，甚至思考题都已列出，学生做实验时只需按部就班地重复操作，将实验报告填写完整即可完成实验。因此，很少有学生会对实验提出疑问，这种僵化的教学模式在很大程度上抑制了学生学习的主动性，很难激发学生的积极性，不利于学生创新意识和创新能力的培养。

（三）实验教学考核内容简单，忽略了学生的过程性发展

现阶段，大学物理实验课程学习成绩评定由学生的平时成绩和期末考核两部分组

成，评价主体主要为实验考核老师，评价标准以实验结果和实验报告为主要依据，评价内容简单，既不涉及对实验误差的深入分析和实验方案的评估，又不包括学生对实验方法及过程的思考和批判，忽略了学生在大学物理实验课程中的过程性发展。

（四）实验课程缺乏设计性和创新性，难以满足学生的需求

目前，大学物理实验教学仍然延续 20 世纪末大学物理实验教学设定的教学大纲，其教学内容基本都是经典物理的实验内容，以验证、模拟和基本测量为主，缺乏设计性和创新性实验内容，难以满足新时代大学生对科学实验的探究需求，也难以达到培养创新性人才的教育目的。

二、翻转课堂的内涵

翻转课程是一种混合式教学模式，也被称为"反转课堂式教学模式"。与传统的课堂教学模式不同，在翻转课堂中，学生在课前使用广泛的教育教学资源完成对课程内容的初步学习，课堂教学成为学生与教师、学生与学生之间质疑、讨论、交流、拓展的互动场所，教师职责转变为理解、回答学生的问题并引导学生运用知识解决问题。翻转课堂教学模式中的学习活动变为包含教师、学生、内容、媒体、环境等多因素在内的复杂教育行为，真正翻转了"教"与"学"，也彻底改变了教师和学生之间的关系和地位，使教学发生了本质上的变化。

翻转课堂通过对知识传授和知识内化的颠倒安排，对学习过程进行了重新规划，将在线学习、面对面教学进行有机整合，将教室内的学习拓展到教室外。学生通过计算机互联网，或是通过手机无线网络，利用网络教学资源如视频、课件等在教室外完成初步的学习活动，并在教师的组织下在课堂上完成对知识的反思和应用，使教学过程更为灵活，可激发学生的主动性。

三、翻转课堂教学模式在大学物理实验课堂教学中的应用优势

实验课程深受广大教师和学生的喜爱，但实验教学对教学条件、环境、学习基础的要求较高，主要表现在：第一，实验教学要求学生事先对实验原理、实验方法和步骤、

实验仪器等做到熟悉和了解，具备与实验内容有关的理论知识基础；第二，实验教学受到实验室硬件设施及环境条件的限制，如仪器精度、实验室环境、实验方法等都会影响实验过程和结果；第三，实验教学课堂时间有限，教师很难对所有学生的疑难问题一一解答并及时处理，此外，很多学校的大学物理实验室并不是开放式的，不能随时随地供学生使用，在一定程度上限制了学生学习的自由。

翻转课堂教学模式在大学物理实验课堂教学中具有一定的优势，具体分析如下。

（一）实验教学与翻转课堂模式的匹配

实验教学的基本模式是学生在实验课前了解与实验方法和仪器相关的内容，学生带着对实验过程和内容的思考以及疑问走进课堂，在教师的指导下操作、观察现象和过程，并进行总结和分析。实验教学包括理论知识的预先学习、疑问和思考、实验验证和发现、讨论答疑、解决问题、分析总结、课后反思等整个教学活动。而翻转课堂由关注单一课堂学习转变为关注课前、课中及课后学习活动的全过程，关注教师、学生、内容、媒体、环境等多因素的复杂教育行为，并转变为关注智能诊断系统支持下的、以学生为中心的媒体环境，以及信息技术与教学过程的自觉融合。从这个意义上说，大学物理实验教学模式与翻转课堂教学模式无疑是匹配的。

（二）实验课程内容与翻转课堂教学的契合

美国达特茅斯学院心理与脑科学系的 Petitto 和 Dunbar 博士以物理学中的自由落体运动为例做了一个实验，实验结果表明，物理系的学生虽然表现为建立了新的正确的科学概念，但是并没有重构他们的知识，即"正确概念"和前概念之间需要通过不断反复地碰撞、接触，完成知识内化并最终被学生掌握。从这个角度来看，实现了翻转课堂教学模式和实验教学内容的契合：学生通过对视频及其他资料预先学习并获得概念，是知识的第一次内化，进入实验室后再次对所学习的概念和规律进行验证和重新发现，融入了事物的真实发生过程及知识的实际应用情境。在课堂上，教师与学生、学生与学生之间讨论和互动，使学生真正参与到概念的建构过程，进行了知识的深度内化，从而引导学生改变已有的认知结构，激发正确的概念。将实验教学内容融入翻转课堂的教学模式，分化了知识内化的难度，增加了知识内化的次数，完成了理论知识加上实践操作的内化循环，从而达成实验教学的真正目的。

（三）实验课程与翻转课堂师生关系特点分析

翻转课堂推崇的是一种渐进式的知识内化，关注学生知识内化的条件、过程和深度，这种模式旨在为学生知识内化提供较为自由的时空环境，学生处于绝对的主体地位。而大学物理实验课程强调学生在实验过程中的自主学习、动手操作、主动思考、积极思维、解决问题，教师是学生实验的组织者、引导者、协助者和参与者，这一点恰恰符合翻转课堂的师生关系理念，二者的共通之处在于颠覆了教师主导的传统教学模式，真正意义上实现了学生的自主学习。

（四）实验教学与翻转课堂教学目标一致

翻转课堂通过对学习过程进行重新规划，颠倒知识传授和内化顺序，将预先学习与面对面教学进行有机整合，从而达成回忆、了解、理解、分析、运用、综合、评价、创造等的教学目标，培养学生的自主学习能力与创新能力。现阶段，大学物理实验传统教学模式囿于知识的传授和技能的训练，缺乏对学生自主探究问题的意识和能力的培养。因此，必须更新教育理念，把学生自主探究问题的意识和能力的培养作为实验教学改革的核心，在实验教学体系、教学模式和教学机制等方面进行改革，化被动的实验为主动的探究实践，为学生打下坚实的终身学习的基础。

四、基于翻转课堂的大学物理实验教学相关探索

翻转课堂在实施的过程中存在许多不确定的影响因素，除了实验课堂的实际操作和互动外，学生课前自主学习及课后数据处理、结果分析，以及实验反思与总结的有效性，也是翻转课堂教学模式能否成功的关键。

（一）基于翻转课堂的大学物理实验教学模式设计

基于翻转课堂的大学物理实验教学模式设计的基本思路是在信息技术的环境中，学生在课前通过观看教学视频、查阅资料、与教师或同学在线交流等方式进行实验相关知识的学习；课堂时间留给学生进行自主操作、互相交流、解决疑问；课后进行数据处理、结果分析及实验总结。学生在课前进行自主学习并不代表教师就放弃了课前环节，整个教学过程还是在教师的全程设计和参与下完成的，只是教师的角色和工作重心发生了变

化，即由原来的知识单向输出者转变为实验活动的组织者、引导者和促进者，而学生也成为真正意义上的学习者和实验者。

（二）基于翻转课堂的大学物理实验教学资源

学习资源就是指教师布置给学生的课前学习资料，例如，最著名的翻转课堂实践者萨尔曼·可汗（Salman Khan）——可汗学院（Khan Academy）的创始人，在可汗学院的网站上提供了关于数学、历史、物理、化学、生物等很多科目的免费教学短片和课后测验，学生可以登录网站进行学习；Flipped Learning Network Ning 论坛中的来自美国威明顿的 Paula 认为，学习资源可以不局限于微视频，还包括文本材料、音频、视频资源等，让学生根据自己的爱好选择合适的资源进行学习。因此，基于大学物理实验教学的管理平台，根据大学物理实验内容设计翻转式大学物理实验教学资源支撑系统，是该教学模式的关键，不仅包括课前学习资源，如各类视频和课件、虚拟实验平台，以及各种网络资源，还包括大学物理实验室中的各软硬件资源，如设备、仪器、操作规范、注意事项、练习指导等，同时也包括课后实验报告的提交、成果展示、即时交流、虚拟操作考试及成绩评定等。实验教学资源须遵循生动有趣并具有较强的任务性的原则，以促进学生的有效学习。

（三）基于翻转课堂的大学物理实验教学内容

大学物理实验教学课前的自主学习是翻转课堂的关键环节，自主学习的成功与否关系到实验内容和操作是否能够顺利进行。基于翻转课堂的大学物理实验教学内容的设计主要指教师设计帮助学生在课前明确自主学习的内容、目标和方法，并提供相应的学习资源，包含实验指南、实验内容、问题设计、建构性学习资源、学习测试、学习档案和学习反思等多项内容，每个学生按照自己的步骤学习，并帮助教师有效地组织起翻转课堂。

物理实验课程的教学内容与普通物理课程有所不同，它不仅包括定义、概念、原理等基本知识，还包括物理实验操作知识，实践性较强。教师提供的实验微视频等资源，能够对学生们进行实验操作相关的概念、流程、注意事项、操作规范方面的讲解，但却无法提供操练环境让学生进行实际练习。因此，教师要尽量将课堂时间留给学生进行实验操作和探究，通过观察学生的实验操作情况，及时纠正学生的操作错误，给学生解答疑问，指导学生进行数据处理和实验总结。

（四）基于翻转课堂的大学物理实验教学策略

翻转式大学物理实验教学策略主要有以下几点。

第一，课前自主学习资源。课前自主学习是以实验学习资源为基础的自学活动，具体内容包括实验基础知识、基本操作技能、数据处理方法、实验结果分析和总结、实验能力测试与反馈、实验拓展与训练等模块。教师针对这几个模块的学习内容，设定学习提纲，搜集并制作学习视频，确定学习任务，并规定可操作化的学习目标和诊断依据。

第二，师生、生生交流平台。平台主要包括大学物理实验教学管理系统的交互平台、实验博客、实验论坛和及时通信工具等，通过交互平台，学生可以把自己的学习体会、思考和疑问、心得和经验与他人分享，教师也可参与到学生在线的讨论和探究中，及时掌握学生的学习情况和效果，并有针对性地解答疑问，实现个性化指导。

第三，实验教学各环节的参与和指导。教师通过在线交流互动平台，参与到大学物理实验学习的各个环节，诊断学生们在实验过程中遇到的问题，提供必要的反馈和指导信息，保证师生的教学活动是一个有效的"闭环"。

第四，实验学习活动的过程性评价。教师全程关注学生的学习活动过程，不仅包括学生合理利用信息技术和网络资源达成对实验相关理论知识的理解、学生实验技能和批判性思维的养成，还关注对实验结果的分析、成果的展示，以及总结和实验本身的反思，即通过整个学习活动对学生从知识到能力再到情感态度价值观，在实验课程中的表现形成过程性的评价。

基于翻转课堂的大学物理实验教学模式彻底颠覆了传统的教学模式，利用信息技术和网络环境推动了学生自主学习和主动探究，促进了大学物理实验教学的发展和教育教的学创新。但是，要想真正推行大学物理翻转课堂教学模式，还有很多问题没有解决，如教师和学生对信息技术的驾驭能力、学生的自主学习习惯，以及实验室资源和技术支撑等，很多因素都会影响翻转课堂的教学效果，如何在大学物理实验中贯彻该模式，切实提高教学效果，还需要更多的来自一线实际教学的实践和探索。

第六节 探究式大学物理实验教学模式

探究式教学是一种新的教学模式，它是以学生的主体活动为中心，学生围绕问题进行独立思考，在集体讨论中相互启发、学习，自由表达见解的教学模式。这种模式突出了学生的主体地位，调动了学生学习的积极性和创造性，有利于培养学生的综合能力、团队意识，以及良好的社会品质，是实行通识教育的重要手段。

"大学物理实验"课程是目前高等学校设定的一门必修课程，通过这一基础的实验课程，学生不仅可以掌握物理学中一些基本的概念、理论和方法，还可以接受系统的实验方法和实验技能的训练。它不仅承担着培养学生动手能力和基本实验素质的任务，更是培养学生创新思维和科学探究能力、团队协作精神的有效载体。基于通识教育的培养理念，在大学物理实验教学中引入探究式教学，对完善学生的知识和能力结构，落实全面素质培养，具有重要的意义。

一、建立多层次实验项目资源库

实验项目的设置，不仅要遵循学生的认知规律，还要符合学生的实际水平和学科背景，基于从基础到前沿、从知识学习到能力培养的循序渐进的培养目标，建立层次化的实验项目资源库是首要任务。

项目组分析、研究了力学、热学、光学、电磁学和近代物理学等几大板块的实验，充分考虑了实验内容的平衡性和教学的可操作性，设置了四个层次的实验项目，建立了一个具有梯度和内在联系的层次化的实验项目资源库。

（一）基础性实验

基础性实验的训练是使学生从抽象的理论知识转化成具体的物理图景的一个不可缺少的环节。通过基础性实验的学习，学生可以掌握一些基本物理量的测量方法，熟悉一些通用仪器的操作和使用，还可以学会如何正确地记录、处理、分析实验数据，如何准确地表述实验结果，如何规范地书写实验报告等。通过基础性实验的学习，学生可以进一步加深对物理规律的认识，对物理实验的实验方法和思想也有了初步的了解。此类实验对应力学、热学、电磁学、光学四大板块，筛选出具有普遍意义的八个实验项目，分两学期开设。

（二）综合性实验

此类实验的目的是巩固基础性实验阶段的学习成果，利用前面已经掌握的实验知识及物理理论来解释所观察到的物理现象，促进学生逐步有序、有效地提高自身发现问题、解决问题的能力。此类实验对应力学、热学、电磁学、光学四大板块，筛选出具有代表性的八个实验项目，分两学期开设。

（三）选做实验

选做实验阶段的培养目标是进一步拓展学生的思维，培养学生独立实验、综合运用实验技术和实验方法的能力。实行多目标的培养模式，学生根据各自的专业方向和发展需要，选择相关的实验项目。此类实验面向机械、材料、信息学院的学生，筛选出具有典型意义的八个实验，分两学期开设，每个学生每学期任选两个实验。

（四）设计性实验

设计性实验的教学目标是充分发挥学生的主体作用，让学生了解科学实验的全过程，逐步掌握科学方法和科学思想，全方位地培养学生的实验研究能力和综合设计能力。学生根据教师给定的实验题目、要求，依据现有的实验条件，独立设计实验方案并基本独立完成实验操作。此类实验设立四个设计性实验选题，学生每学期至少要选一个实验，对于学有余力的同学，鼓励多选。

二、探究式实验教学模式在各阶段的教学方法应用

大学物理实验的教学目标不仅是提高学生对理论知识的掌握能力及动手能力，更重要的是培养学生的创造力。在传统的实验教学中，往往过分注重学生动手能力的训练，

而不注重思维能力的训练；过分注重基础知识和实验技能的训练，忽视了学生对实验原理、实验方法的理解，忽视了对实验技术问题的分析处理，不利于创新精神和科学探究能力的培养。因此，通过在实验课堂进行师生互动，来启发学生们做实验的思想是至关重要的。

探究式教学是一种全新的实验教学模式，在不同的教学阶段，根据具体的实验内容、培养目标，采用分层次、循序渐进、多种教学手段相结合的教学模式；在教学过程中重视师生共同进行的探索创新，教师不仅仅是"教"，更重要的是"导"，将学生在教学中的主体作用和教师的主导作用进行有机融合。

在基础性实验阶段，实验内容相对来说比较浅显、容易掌握，可施行"自立"教学法：学生在课前要做好充分的预习，在课上自由组合，直接开始实验，通过讨论、研究得出实验结论，最后由教师根据学生实验的情况，找出问题，进行评析和总结。由于这部分实验是由学生独立完成的，这种教学方法可以促使学生主动预习，学会独立完成实验，可以激发学生的自信心和学习兴趣，提高学生的自学能力。

在综合性实验阶段，实验难度稍大一些，针对这一特点，教师可采用"引导、启发"的教学方法开展教学，将讲解、讨论和总结相结合，集中讲解和个别指导相结合。教师要求学生必须充分预习，可以适当增加预习思考题，学生可以通过预约到实验室熟悉实验仪器，思考实验原理，也可以进入实验中心网站模拟实验。在课堂上，教师先通过随机抽查、提问等方式了解学生的预习情况，然后讲解实验原理及注意事项，学生再自由组合进行实验。在实验过程中，教师只需帮助学生解决实验中遇到的共性问题即可。实验结束后，教师再把一些课堂上常见的问题拿到课堂上讨论，以学生为主体，让学生积极思考、主动探索，通过讨论、分析、总结，学生会更加深入地理解实验的设计和过程。

在选做实验阶段，采用"讨论、互动"的教学方法开展教学活动。学生在完成第一、第二层次实验的基础上，已经掌握了一定的物理实验知识和技能，具备了独立开展一定难度实验的条件。学生在课前要充分预习，课堂上教师对学生进行有针对性的讲解，鼓励学生独立开展实验。在实验过程中，对于学生遇到的问题，教师只需进行适当的引导，鼓励学生通过分析、讨论解决问题。

在设计性实验阶段，采用"引导、启发"的教学方法。以自主学习和合作讨论为前提，学生在课前要明确实验目标，根据实验室提供的条件，通过查阅资料，制定出可行的实验方案，然后到实验室进行实验，得到结果后，教师进行适当的启发，引导学生进一步分析、讨论，改进实验方案，直至最后完成实验。此过程不仅培养了学生主动参与和独立思考的能力，而且增强了学生的进取意识，培养了学生对科学研究的兴趣。在此过程中，教师也可以充分利用网络等方式适时适度地引导，适时跟进，保证实验的顺利完成。

事实证明，层次化、循序渐进、多种手段相结合的实验教学模式不仅提高了学生的综合实验能力，更增强了学生自学和探索知识的能力。

三、课程考核评价方法

项目组对传统的实验测评方法进行了改革，确立了"注重平时、注重能力"的实验考核方式，测评成绩包括平时考核成绩、期末考核成绩、创新能力成绩三部分。平时考核成绩占总成绩的 60%，根据学生平时的实验预习、实验态度、实验操作、实验报告的数据处理、分析情况综合给出。期末考核成绩占总成绩的 30%，期末考核时，每位学生随机抽取所要操作的实验，独立进行操作，主要考查学生动手操作的技能和独立完成实验的能力。创新能力成绩占总成绩的 10%，主要考查学生主动参与、独立思考和创新的能力，在实验过程中提出合理的、有创新的设计，对实验问题分析有新意、有创新性意见的学生要给出较高的分数。通过这样的改革，避免了学生临时突击、应付考试的现象，大大改变了过去学生只注重实验结果而忽视平时实验操作的学习态度，兼顾了理论与实践、平时实验与期末考核等多方面的因素。实践证明，这种考核方式起到了很好的监督与引导作用，能够促使学生认真对待每一次实验，利于培养严谨的科学作风。

第三章 大学物理实验教学体系

第一节 大学物理实验分类教学体系

大学物理实验涉及领域广阔，具有较强的时代性和社会性，在培养应用型人才科学素质和实践能力等方面具有其他课程不可替代的重要作用。如何适应新时期教学发展的需要，如何在大学物理实验教学中培养与提高学生的实验能力和创新能力，是每个物理教师都应思考的问题。近年来，广大教师在此方面开展了大量工作，取得了较多有意义的结果，但教学改革是一项长期的工作，依据培养应用型人才的目标，大学物理实验教学面临着诸多问题，需要开展更多深入的工作，进一步加快教学改革的步伐，提高教学质量。理工科学校各专业特点及课程的不同，决定不同专业大学物理实验教学应有差异，应根据学校现有专业特点并结合学校各专业培养方案，对大学物理实验课程开展分类教学。分类教学的目标是：通过实验教学，锻炼学生的科研能力，培养学生的科学思维方法和创新能力。现以某校大学物理实验课程为例，探讨大学物理实验分类教学。

一、大学物理实验分类教学体系构建

（一）构建目标

大学物理实验应构建成一个主要面向本科教学、系统比较完善、打破传统的"力、热、声、电、光"单独设立实验的模式，重组五大部分，使实验呈现三个层次，依次为基础实验、综合性实验和创新设计性实验，用于培养应用型人才的教学体系。省属高等学校的主要任务是面向社会、服务地方经济、培养应用型人才，它的主要培养对象是本科生，而不是研究生，其教学体系应该是面向本科教学。大学物理实验是大学生开设的第一门基础实验课程，它服务的对象包含理、工、农、药等专业的学生，考虑到大学物理实验服务专业众多，所以大学物理实验体系应该根据专业特点进行分类教学。

（二）构建思路

满足所有学生的求知需要，适应学生的个性发展是高等教育发展的最高目标。在有限的学时内使不同专业学生的实验技能与创新能力协调发展，是高等学校实验教学体系改革的关键。结合专业特点和培养目标制定大学物理实验分类培养教学体系，能够将各专业学生的学习需求与大学物理实验教学具体情况相结合。该教学体系可以使不同专业的学生选择不同的实验题目，获得数量与层次不同的实验知识和技能，从而达到不同培养规格的要求，实现培养应用型人才的目标；由以教师讲授为中心的教学模式，转变为因材施教、因需施教的以学生为中心的培养模式，有效激发学生的学习兴趣，提高学生的专业素质，适应学生以后的专业学习需要。

（三）构建方法

大学物理实验分类教学体系依据学生实践动手能力培养的规律性，重基础、促应用、谋创新，整个教学体系的构建过程是培养学生的基础实验知识及技能、综合应用实验知识及技能、创新设计知识及技能。大学物理实验最终目的是让学生掌握实验的基本知识，培养学生的实践动手能力，为学生后续专业课程学习奠定基础。目前，我国高中教育还是以应试教育为主，学生在中学阶段的动手锻炼较少，进入大学后动手能力较差，因此必须循序渐进地培养学生的实践能力。在大学物理实验体系中加强综合应用和创新设计知识及技能的培养，不仅能够有效提高学生的学习兴趣，而且会为学校各专业培养应用型人才打下坚实的基础。

二、大学物理实验分类教学体系内容

（一）分类教学体系专题化

在大学物理实验分类教学体系中，依据各专业特点，选择不同实验专题，比如 PN 结正向偏压实验适用于物理类、电器类和计算机类实验，分光仪的调整和应用适用于化工类、医药类实验，表面张力实验适用于机械类、材料类实验等。不同专业的学生依据本专业培养方案的要求，选择不同的实验题目，获得数量、层次不同的实验知识与技能，实现培养应用型人才的目标。

（二）分类教学体系层次化

在大学物理实验分类教学体系每个专题化实验中，我们融入了现代高科技新手段。新体系将实验教学分为基础实验、综合性实验和创新设计性实验几个层次。

1.基础实验

基础实验是大学物理实验的入门实验，涉及力、热、电、光各部分内容，采取集中式教学，在教师的正确引导下，学生逐渐掌握物理实验基本知识和技能，包含基本物理量的测量、基本实验仪器的使用、基本实验技能的训练和基本测量方法与误差分析等，从而将学生带入物理实验。

2.综合性实验

综合性实验涉及到力、热、电、光的综合应用，可培养学生的综合思维及综合应用知识与技术的能力。在实验方法上，由以前教师准备实验仪器、讲解实验重点、学生做实验的状态，过渡到学生在教师的指导下，自己设计方案来完成实验。在整个过程中，教师起到答疑解难的作用，突出学生的主体地位，提高学生的综合实验能力，促进学生创新意识的培养。

3.创新设计性实验

在完成基础实验和综合性实验后，学生已掌握基本的原理和方法，已具备完成创新设计实验的能力。在开放实验中不限定学时的情况下，由学生自拟实验题目，完成创新设计性实验，最后以研究报告的形式提交老师考核（针对大学二年级和三年级的学生）。

各相关高校依据各专业特点确定实验学时，选定实验题目，实现大学物理实验教学为各专业应用型人才培养服务。并且，通过专题化、层次化教学模式调动学生的学习积极性，协调大学物理实验教学，使不同专业学生获得不同程度和不同层次的物理实验教学内容，切实提高学生的实践和创新能力。

三、物理实验分类教学体系的实践效果

（一）充分调动学生的学习积极性

分类教学体系是结合学生的基础、专业特点和培养目标而确定物理实验题目，针对不同专业特点，提出学时不同的教学要求。

综合性实验和创新设计性实验让学生成为实验的主体，查阅资料、设计方案、动手实施、检验结果、调整方案，直至最终写出总结报告，整个过程能充分调动学生的学习积极性，发挥潜能。

（二）提高学生解决实际问题的能力

采用分类教学体系，各实验题目教学内容既相互独立，又相互联系，在每个实验题目中又形成一定的层次。通过将采用同一方法解决不同的问题，或者对同一问题采用不同的方法来解决进行对比，可启发学生联想、促进思维发散，从而激发学生的创新意识，提高学生应用所学知识解决实际问题的能力。

（三）提升教师团队的创新意识

具有创新精神和创新能力的教师队伍是培养创新型人才的保证，分类教学体系是以学生为中心的培养模式，确定的物理实验题目对不同专业具有针对性，这就要求必须提高实验教师进行科学研究的能力。

第二节 大学物理实验教学改革探索

大学物理实验课程涵盖了力学、电学、热学、电磁学、光学、原子物理学等相关实验内容，是面向理工科专业学生开设的学科基础实践性课程。它是理工科专业学生进入大学后最先接触的实践课，是学生接受系统的实验方法和实验技能训练的开端。课程中

所涉及的实验知识、实验技能和实验方法是后续实践训练的基础，也是学生以后从事各项探索和实践的基础，对学生实践能力的培养和创新意识的形成起着至关重要的作用。因此，如何提高大学物理实验的教学质量，培养出更多具有创新意识和应用能力的复合型人才，是当今高校大学物理实验教学研究的重要课题。

大学物理实验是培养创新型人才的重要载体，而培养和造就适应经济、社会发展的创新人才又是新形势下高等教育教学改革的重要任务。调研发现，一些新建地方本科院校尚未形成一套适合本校学生特点的大学物理实验教学和考核体系，也没有一套适合教学的大学物理实验教材。由于大学物理实验面向的学生非常广，学生的学习水平差别较大，授课教师人数较多，所以这些地方本科院校急需建设并加强大学物理实验课程教学及其考核体系。并且，这些地方本科院校本科教学开展的时间较短，大学物理实验课程的内容都是在原来的专科基础上演化而来的，采用的多是教师的实验讲义，讲义内容和方法多年未有变化，涉及面非常窄，没有形成一套适合地方本科院校本科生特点的教学体系。这就造成了这些院校对学生的培养训练不足，不能满足新形势下创新型人才培养的需要。

基于以上背景，本节以菏泽学院为例，就如何建立一套适应地方本科院校学生特点的大学物理实验教学及考核体系，提高大学物理实验教学质量进行探讨。

一、大学物理实验教学中存在的问题

调研发现，一些地方本科院校的大学物理实验教学中或多或少地存在着以下问题。

第一，实验项目设置不够合理。大学物理实验存在"重理论、轻实践"现象，实验项目缺乏探究性，没有考虑到学校优势和特色学科发展的需要。以某学院为例，开设的大学物理实验项目包括长度的测量与数据的处理、牛顿第二定律的验证、动量守恒定律的验证、滴水起电演示实验、刚体转动惯量的测定、固体密度的测量、模拟法描绘静电场、分光计的使用这 8 个实验项目。这些项目都是验证性的项目，没有涉及设计性、综合性、研究性的实验项目。设置的实验项目过于简单，限制了学生综合素质的提高，也不利于实践能力的锻炼。

第二，网络资源严重不足，实验平台建设缓慢。大学物理实验方面网上课程的开发力度不够，在线资源相对较少，没有形成课前预习、课后复习、网上答疑、在线反馈等全方面、多层次的教学体系。学校建立的所有精品课程只针对理论课课程，很少有资金和项目投入到实验类课程的建设中。学分制的实施更是使得矛盾日益突出，大学物理理论和实验严重脱节。

第三，不能实现因材施教，考核方式过于单一。随着学校招生规模的不断扩大，来自不同地区的学生所受到的基础教育间存在差距，物理知识储备程度也有所不同，物理实验基础相差巨大。教师在进行物理实验时仍根据自编实验讲义进行讲解，缺乏对实验的创新性、突破性教学；在教学方法上，基本上是高中教育教学方法的延续，先给学生演示，学生根据演示过程进行实验并上交实验报告。学生只是被动地按照给定的实验方法完成实验项目，限制了其创新性思维的形成。学校对学生成绩的评价只有实验操作成绩和实验报告成绩两部分，不考虑实验结束后学生对实验内容和方法的自主创新等因素。实验报告也没有统一的评判标准，随机性很大，实验成绩并不能全面衡量学生的能力。

第四，实验室开放程度不高。由于实验室管理体制不够健全、实验耗材经费不足等诸多原因，大多数大学物理实验室都没有对学生开放。学生在课下很难进入实验室进行独立自主的研究，学生的实验操作也仅限于有限的课堂时间内。这就直接导致了学生的实践能力较差，也不能得到良好的科研训练。并且，由于教学实验安排过于集中，实验班级和人数较多，造成某个时间段内实验仪器设备使用次数较多，超负荷运转，设备得不到正常的维修，而在其他时间段内，仪器一般处于闲置状态，这些都不利于促进学生动手实践能力的提高。

二、大学物理实验教学的改革探索与实践

（一）实施分专业的多层次化教学体系

某校的大学物理实验主要面向物理学类、电子学类、数学类、机电类、土木类、园艺类、化学化工类、食品科学类、自动化类、机械类等理工科专业而开设的。各个专业对大学物理知识、实验方法和实验技能的需求也各不相同。因此，实验项目的设置要充分考虑到专业的差异，要能够满足不同专业的需求，要充分注重实验内容的先进性，要使其与当代生产、科研具有一定的关联，满足各个专业的学生在未来生产、科研中的需要。因此，在教学中要针对不同专业实施不同的实验项目，逐步拓宽学生的视野，培养学生的科学素养。某校注重以学院的优势学科为导向，为不同学科提供各有侧重的实验

项目方案。实验项目方案的制定考虑到层次区分，能够为优秀的学生提供充足的实验条件，切实实现因材施教的教育理念，充分重视学生对物理现象的理解掌握，为各专业学生未来的工作实践打下坚实的基础。

基于此，我们结合多年的大学物理实验课教学经验，在对各专业学生开设的大学物理实验中，分别针对学生知识能力水平及课程特点，实施各具特色的实验方案和课程评价体系。根据实验难易程度建立了分层次的教学内容体系，初步将大学物理实验课程分成基础性实验、综合和设计性实验、应用性实验三个层次，突出了实验项目的层次区分和因材施教原则。我们通过不同层次的实验训练过程，逐步增强学生的自我创新能力、自主探索能力和创新意识，提高了学生的科技创新能力，为后续的研究性学习打好基础。大学物理实验课程采用不同的方式进行考核，使之突显出实验课程的实践性、基础性和渐进性，并最终实现了对学生科学素养的多方位考核。同时，我们还注重大学物理实验课与理论课之间进行整合协调，充分重视学生对物理现象的理解掌握，为学生在未来工作中的应用创新做准备。我们研究理论课与实验课教学内容、知识体系和教学难点之间的相互关系，优化知识体系结构。从开展科学研究的思路和角度出发，我们重新审视课程中各个实验项目的内容和要求，最终形成了综合考虑理论课与实验课内容体系、兼顾开放性和研究性、具有地方本科院校特色的较为完善的实验内容体系。

（二）通过智能化教学平台建立全过程、多方位的考核体系

随着高校招生人数的扩大，传统的实验教学方式已不满足"互联网+"新形势下的发展要求。某学院实验类课程的网上资源尚开发不足，没有建立起完备的学习体系。我们以校内互联网为媒介，建立了网上实验教学平台。实验的授课教师可以将简要的课程介绍（实验案例、多媒体课件、照片等）、预习要求和实验演示的视频提前发布到教学平台上，在课前让学生独立自主地思考学习实验目标和实验原理、熟悉实验仪器的使用方法和注意事项等。教师可以根据学生是否进行了课前预习和课前预习的时长，对学生的预习情况有初步的了解。该措施可大大缩短课上教师对实验原理等基本知识讲解和演示实验的时间，留出足够的时间让学生进行实验操作。在实验进行的过程中，应以学生为主导，通过集体讨论或者小组合作的方式来完成实验，教师可从旁适当地进行指导。在做完实验后，教师还可以在教学平台上发布作业，学生可通过登录自己的学号提交作业。学生借助平台对实验现象进行充分讨论，呈现个性化观点，并将此作为成绩评价体系的重要部分。课后，学生可以将存疑部分及时地在该平台上与教师进行交流。

网络教学平台的建立，丰富了大学物理实验教学资源，增加了师生互动，提高了学生的学习积极性。同时，网络教学平台的建立也有利于探索"互联网+"新形势下优质课程教学资源建设的机制和模式，有利于积极推进与强化基于实验技术、实践能力、信息技术平台为一体的优质课程教学资源建设与共享，切实提高教学质量。

（三）建立高素质实验教师队伍，提高实验室开放程度

实验教师是实验室建设与管理的重要力量，是发展某学院优势学科平台的中坚力量，是切实提高实验教学质量的重要保障。我们大力引进和培养高素质、高学历实验技术人才，积极争取国家、省、市立项和配套基金。实验教师要做到人人有项目，人人有经费，争取给学生最大的资助，为大学生参加科技竞赛活动、开展大学生科技训练计划、毕业设计等提供服务。保证实验室开放时间，除去基础课和实验课的正常教学外，实验室全天候开放。学生可通过校园智能管理系统提前预约实验室和实验所需器材，实验室管理人员及时根据预约情况对实验室和器材进行安排，保证学生预约的实验设备正常运转。实验室开放可以使学生更合理地利用时间，自行安排实验计划，满足不同层次学生的学习需求。

大学物理实验教学研究团队根据菏泽学院学生的学习特点，通过对实验内容体系、教学方法及考核方法等进行全面拓宽、发展和完善，突出了课程多元化、创新性和实践性的特点，形成了具有菏泽学院特色的分层次、多模块、理论和实验有机结合的大学物理实验教学体系，对学校的实验类课程改革起到了很好的辐射和示范作用。

第三节 大学物理实验教学质量评估体系

实验教学是高等学校教学工作的重要组成部分，是本科生接受系统实验方法和实验技能训练的开端，是培养理工科类专业技术人才最重要的基础课程，大学物理实验教学质量的优劣关系到本科人才的培养质量。近年来，随着教育部高等学校物理基础课程教学指导委员会对《理工科类大学物理实验课程教学基本要求》（以下简称《基本要求》）

的实施，各个高校对大学物理实验课程的教学条件、教学队伍、课程体系均进行了优化。但是，对大学物理实验教学质量的评估还没有规范的评估办法，实验教学质量已成为学校领导和教学管理部门关注的问题。本节依据《基本要求》对实验教学质量的评价理念，结合大学物理实验教学的实际，吸取某校多年来实验课程管理与评估的经验，对大学物理实验教学质量评估体系进行研究与探讨。

一、大学物理实验教学质量评估体系的构建

实验教学质量评估是高校教学质量监控工作的重要组成部分，建立适合于大学物理实验教学的质量评估标准，构建一个合理的、规范的、科学的和操作性强的大学物理实验教学质量评估体系，不仅能对实验教学效果进行有效的评价，而且能及时发现与解决实验教学过程中存在的问题，对不断地提高大学物理实验教学质量具有促进作用。

（一）评估指标体系的构建

评估指标体系是评估工作的尺度，是评估工作的关键环节。大学物理实验教学质量的评估不像理论课那样单纯，它的涉及面较多，是一个多因素、多层次的复杂问题，评估指标必须全面、准确地反映大学物理实验教学的特点，并且体现与实验教学质量相关的因素。我们认为，大学物理实验教学质量评估的指标体系应当是以实验教学条件为基础，以实验教学绩效为目标，以实验教学过程管理为控制手段，以实验教学改革为补充的结构体系。根据评估指标体系的设计原则，大学物理实验教学质量评估指标体系应包含实验教学文件、实验教学条件、实验教学过程、实验教学改革、实验教学效果等质量要素。

（二）评估指标体系结构表的设计

在指标体系的结构设计中，从大学物理实验教学质量评估的目标出发，把目标分解成二级项目，然后再经分解、量化指标内涵，建立质量标准，以达到可测性的要求，这样即可保证指标体系与评估目标的一致性。根据评估指标体系的设计原则与大学物理实验的教学特点和要求，大学物理实验教学质量评估体系应包含评估要素（一级指标）5项、主要观测点（二级指标）18个、内涵及标准、权重系数、评估等级与分值、评估方

式等内容。也就是说，按照"评估指标→评价标准→权重→评价等级→评估方式"的顺序设计评估指标体系结构表。

（三）质量要素涉及的内容及标准

大学物理实验教学质量涉及多方面的内容，要使实验教学质量评估科学、有效、可行，最主要的是确定评估指标体系中的要素、主要观测点、评价标准，以及权重系数等。而评价标准的内容也是多方面、多层次的，大学物理实验教学质量评估就是要紧紧围绕各质量要素相互之间的衔接及其关系，以及质量要素所包含的内容建立量化指标与质量标准。

1.实验教学文件

实验教学文件考察的内容主要是实验教学大纲、实验教材、实验教案、教学及实验安排、实验项目管理等资料。大学物理实验课程教学大纲是根据专业教学计划的要求、课程在教学计划中的地位和作用，以及课程性质、目的和任务而规定的实验内容（项目）、实验体系、范围以及教学要求的基本纲要，它是实施教育思想和教学计划的基本保证，是进行实验教材建设、实验教学和实验教学质量评估的重要依据，也是指导学生学习、制定考核说明和评分标准的指导性文件。实验室要根据实验大纲准确、规范地填写好实验项目卡与实验教学日历，科学安排大学物理实验课程的教学进度表，确保教师保质保量地完成各个实验项目的教学任务。实验教案是教师依据实验教学日历的进度要求，为完成教学大纲所规定的实验项目而准备的实验教学工作计划，是教师以实验项目规定课时为单位编写的、实施教学活动的具体方案，它所承载的基本内容是实验教学过程的组织管理信息，是落实实验教学思想、教学方法、教学手段和考试方法的具体措施，是指导具体实验项目的重要依据。因此，实验教学大纲、实验教学日历和实验教案是实施实验教学检查、督导、评估工作的重要依据。

2.实验教学条件

大学物理实验教学是在具备了一定的仪器设备、实验场所、实验教学队伍等条件下的教学活动。根据大学物理实验教学的需要，实验室的面积、通风、照明、安全设施等符合要求，配置能保证学生基本实验教学质量台套数的仪器设备，并且保证仪器设备的完好率和贵重仪器设备的使用率等，这些基本条件能够直接体现出大学物理实验教学正常开设的基础建设水平。实验室的仪器设备等基础教学设施是实现应用型、创新型人才培养目标的物质基础。大学物理实验教学队伍是对实验教学质量产生较大影响的关键因素。实验队伍的学历、职称、年龄结构要合理，人员构成要相对稳定、要具备进行实验教学研究和改革的意识与能力。同时，大学物理实验教学的负责人要具备扎实的物理实验理论基础与实践技能、具备较高的管理与沟通能力。在大学物理实验教学中，实验场所与实验仪器设备是确保实验教学质量的基本物质保障。只有实验室具备一定的规模，配置的实验仪器设备能够满足大学物理实验教学的需要，才能保证实验教学质量，达到专业人才培养对大学物理实验教学的基本要求。

3.实验教学过程

大学物理实验是观察与实验相结合、思考与判断相结合、个性与共性相结合的课程，其教学过程是在教师的指导下学生动手操作独立完成实验的学习过程。要从教师的教学态度、教学能力、实验教学内容，到教师的教学方法、学生的实验操作技能训练、教学纪律等方面来考察。第一，实验教学内容的选取要做到经典与现代实验的结合、综合与基础实验的结合、设计与研究性实验的结合，实验的教学环节在安排中要突出综合性、创新性与应用性，符合《基本要求》的要求。第二，教师要对实验教学工作有热情，能够严格遵守教师教学工作规范，讲课认真、投入、精神饱满，对实验内容及仪器设备很熟悉，能很好地把握实验内容的难度和深度，能将理论课与实验课有机联系起来，或对学科前沿课题给予适当介绍。第三，教师注重对学生实验操作的基本功与实验技能的训练、思维方式和科学作风的培养，通过及时指导实验，激发学生的求知欲。第四，教师能客观地评价学生的实验操作、数据采集、解决实验中实际问题的能力，课后能及时地确定评价等级，并且能及时、认真、公正地批阅实验报告，在实验课纪律、实验操作、课程考核等环节都能够严格要求学生。这样做，有助于促进学生的实验动手能力、独立实验能力、分析与研究能力、理论联系实际能力与创新能力的训练和培养。

4.实验教学改革

大学物理实验教学改革研究要从实验室实际出发，确立实验教学改革的思路和研究项目，实验内容的更新、实验教学形式与方法的改革是实验教学改革的重点，要提高综合性、研究性与设计性实验的比例，要突出创新应用，注重利用科研成果和现代技术手段更新实验内容，使学生能够在实验中掌握基本的实验技能、学习现代科学的基本技术、熟悉课题研究的思路与方法，培养学生主动掌握新的实验技术、主动关注科技发展动态、主动适应科技创新应用的品质，培养学生的创新精神、创新意识与创新能力。

实验教师或其他实验教学人员要定期开展教学研究活动，进行大学物理实验教学改革研究。同时，实验教师要学习现代实验理论和技术，追踪现代物理学的新进展、新成果，了解高新技术适应新形势的要求，总结实验教学改革的成果，在学科或实验教学、实验技术的公开刊物上发表教学改革研究论文。

5.实验教学效果

大学物理实验教学效果主要从教师的教育教学水平和学生达到的学习水平两方面来体现，它是实验教学质量评估的关键因素，着重评估实验教学的实际质量和能力培养的实际效果。实验教学效果的评估更重视学生在实验中解决实际问题的能力，依据"解决实验问题的能力"的教学效果评价观点。注重在实验教学中创新，激发学生自觉、主动实验的学习热情，充分体现学生的动手能力，不仅是实验操作和实验数据的准确程度，而更应该是现代实验技术技能和科技创新的综合能力。

二、大学物理实验教学质量评估指标体系的设计原则

大学物理实验教学质量评估指标体系的设计，是对大学物理实验教学质量进行有效评价与鉴定的基础，为使大学物理实验教学质量的评估具有科学性和有效性，评估指标体系的设计须遵循一定的原则。

（一）客观性与导向性原则

客观性是指大学物理实验教学质量评估指标体系的设计要符合大学物理实验教学规律，指标体系具有合理性、可靠性与可操作性，通过客观地建立大学物理实验教学质量评估指标体系，使评估结果符合实验教学实际，能客观地体现大学物理实验的教学质量。

大学物理实验教学质量评估的目的是引导教师重视实验教学，推动实验教学的改革，提高实验教学质量。因此，导向性作用既体现在指标体系各条目的选择和评估标准的制定上，又体现在如何确定各条目的权重上，同时要求评估指标的内涵、评估过程、评估侧重点都符合《基本要求》。按照大学物理实验教学质量评估指标体系对大学物理实验教学质量进行评估，能够为大学物理实验教学改革和质量进一步提高提供导向作用，最终达到有效地提高学生的科学实验能力与实验综合素质。

（二）先进性与可行性原则

先进性是指评估指标体系能反映大学物理实验教学质量所达到的现代教育科学水

平，通过考察实验教师的教学思想、教学理念、教学内容、教学方法和教学手段等方面的新颖性来体现。可行性指在现有的实验条件下，从大学物理实验教学的实际出发，选取能有效地反映大学物理实验教学改革方向的评估指标与观测点，能真实地反映实验教师的教学实际，评估结果能被学校、社会、教师、学生所接受，可操作性强。

只有将评估指标体系的先进性与可行性原则有机结合，才有利于加强大学物理实验教学管理，充分调动大学物理实验教师积极投身教学、参与实验教学改革的积极性，促进大学物理实验教学质量的提高。

三、评估体系的实施及应用

（一）评估方式

过去的教学质量评估，大都采用发放学生调查问卷的方式，由学生无记名投票的形式来评价教师的教学情况。由于学生是大学物理实验课程教学的直接受益者，所以学生对实验教学质量的评价能更好地反映课程的教学效果。这种方式的优点是便于组织，收回问卷进行数据统计，评价结果明显清晰；缺点是由于部分学生应付的态度、对某些教师的个人偏爱等因素，而影响问卷调查的统计结果，使评估结果出现偏离实际情况的现象，从而影响了评估工作的可靠性和准确性。

大学物理实验教学质量评估从本质上说它是一种价值判断活动，价值判断的显著特点是客观性与主体性的高度统一。评估专家的认知结构，主体意象都会影响评估的客观性和准确性，所以大学物理实验教学质量的评估就是选择不同的评估主体从不同角度对不同教师的同一门课程进行评估。

我们经过调研及总结过去的经验，认为大学物理实验教学质量评估首先要成立校系两级评估专家组，然后分别采用实地查阅资料进行检查、召开座谈会、组织听课及观察实验过程、现场督导教学、学生无记名问卷调查等方式，对照指标体系有针对性地采用不同的方式进行评估。

（二）评估的实施

1.评估前的准备

在评估前，学校成立课程教学质量评估组、选定评估专家是完全必要的。但是，大学物理实验教学质量的评估主要是对实验教学中的行为（实验教学过程）和结果（实验教学效果）的鉴定，评估的实施特别要重视"行为人"的作用。所以，大学物理实验教学质量的评估，首要的问题是让全体实验教师都能够适应教学质量评估，让大家清楚地认识到开展大学物理实验教学质量评估，对提高实验教学质量、实现实验教学目标管理、培养应用型人才具有重要的作用，也是解决重视理论教学、轻视实验教学的必要措施。同时，还要让全体实验教师学习评估指标体系，充分理解指标体系的内涵与评价标准，理解实验教学质量评估的意义，并在大学物理实验教学实践中落实评估指标的内涵及质量要求。

2.评估的实施过程

从大学物理实验教学质量评估指标体系五项一级指标所包含的内容可看出，该课程的评估是过程性评估，也就是说，评估指标的内涵涉及到课程的全过程。所以，大学物理实验教学质量的评估可分为期中、期末两个阶段进行。

期中的教学质量检查可完成评估要素 1、2、3 及要素 4 与 5 的部分内容。即评估专家可以从查阅资料开始，考察大学物理课程的教学文件及有关管理制度的完善情况、教师的教案、学生实验报告水平和教师批阅质量等；通过随堂听课、观摩教师的讲授、操作演示、指导答疑、组织教学和学生实验实际操作等环节，考察教师的教学态度、方法、水平、效果和学生基础知识与实验技能的掌握情况；通过实验室实地考察与召开实验教学座谈会，了解实验室的环境设施及实验室管理情况、仪器设备的使用情况、实验队伍配备情况，考察实验教学条件。

在学期末，可完成教学质量评估要素 4 与 5 的大部分内容。即采用分别召开教师、学生座谈会和查阅资料的方式，通过现场询问及问卷调查，了解学生对教师教学水平的评价和对自己学习效果的估计，了解教师的实验教学改革研究项目的进展与运行情况及学年研究成果。

3.评估等级及量化

在评估指标体系中，每个评估项目（观测点）都有 A、B、C、D 四个评价等级，A、B、C、D 四个等级的含义是达到内涵标准的程度为优、良、中、差。在评估实施过程中，来自不同评价主体的评价等级要充分体现"以质性评价为主"的理念。

依照评估指标体系对评估项目确定了评价等级后，为了获得客观、科学、准确的评估结果，总是要对各指标项的评价等级进行量化处理，最后形成大学物理实验教学质量评估的定量结果或定性综合意见。由于指标体系涉及的评估项目较多，考虑到指标体系的复杂性，一般地，根据各指标项的权重，用模糊数学理论建立大学物理实验教学质量模糊综合评判矩阵模型，并应用于评估实践。

模糊综合评判法的基本思想是在确定评估一级指标项、二级指标项的评价等级标准和权重的基础上，运用模糊集合变换原理，以隶属度描述各一级指标项、二级指标项的模糊界线，构造模糊评判矩阵，通过多层的复合运算，最终确定评价对象所属的等级。也就是经过"建立评估指标集→建立评价集→确定各指标因素的权重→建立评价矩阵→模糊综合评判运算"等步骤后，采用最大隶属度原则，得出评估结果。如果要使评估得出定量的结果，可以将评价等级转换为百分制分数，即赋予分值：取"优"＝95分、"良"＝85分、"中"＝75分、"差"＝60分。也可采取简单方法得出评估结果，即根据一级指标、二级指标的权重给评价等级赋予一定的分值，用加权平均法求出结果的总分值。

4.大学物理实验教学质量评估实例

从评估指标体系所包含的内容可知，实验课程的教学质量评估是过程性评估，不能一蹴而就。也就是说，从期中教学质量检查开始，经过半个学期的时间，才能完成大学物理实验课程的教学质量评估。例如，某校某学期的大学物理实验课程教学质量评估，由校教学督导委员会委员组成的评估专家组在期中教学质量检查期间完成了评估要素中包含的大部分内容，然后通过现场听课、观测实验过程、召开座谈会、问卷调查等形式，一直延续到期末，形成了大学物理实验课程教学质量的评估结果。

（三）评估实践中需要厘清的问题

1.评估整体与样本的关系问题

如果将大学物理实验教学质量评估作为一个总体的话，那么，实验教学条件与教师的教学就是评估总体中的样本，评估该门课程的整体教学质量是建立在对实验教学条件与教师的实验教学质量评估的基础上的。所以，评价每位实验教师的教学质量主要考察评估要素3、4、5和要素1的部分内容，每位教师的评估结果的"集合"与条件评估的结果就构成了大学物理实验课程教学质量的评估结果。

2.学生评教与实际教学的差异问题

大学物理实验教学质量评估是检验大学物理实验教学效果的有效手段，学生评教工作是学校教学质量监控体系的重要环节。但是，学生对于实验教学与理论教学在感受程度上是有差异的，理论教学可以用"懂不懂"或"会不会"来描述，来体现学生对教师的认同程度；而实验是在教师指导下学生独立完成的课程，学生的感受是"成功与失败"，由于在实验过程中受条件的影响,学生可能是一人一组或两人一组做实验,仪器的调节、数据的采集、学生间的配合等因素都会导致实验不完全成功或者失败,这些因素在一定程度上影响着学生对教师及实验课程教学质量的评价。

3.评估与常规教学的关系问题

作为一名实验教师来讲,可能会认为大学物理实验教学质量评估是为了制约、监控教师的实验教学活动,使其在思想上形成一种压力,而影响常规的实验教学。因此,作为实验教学管理部门及管理人员,一定要处理好评估与常规教学的关系,将评估作为实验教学管理的一种措施。通过评估可掌握实验教学各环节的动态,获得反馈信息,及时发现并解决影响大学物理实验教学的问题,从而更好地服务于实验教学,以促进实验教学质量的进一步提高。

4.教学督导与质量评估的关系问题

大学物理实验教学质量评估是过程性评估,实验教学督导是对实验教学活动各个环节及各种实验教学管理制度等实施检查、督促、评价和指导,通过随机听课、观摩实验教学过程、抽查教师实验教学教案和学生实验报告、参与实验考核、召开实验教学座谈会等,对实验教学实施全程监控,这正是实验教学质量评估所要做的过程监测工作。所以说,实验教学督导为质量评估提供了可靠的实验教学事实依据和意见,对学校职能部门改进实验教学管理、提高实验教学质量具有非常重要的作用。

大学物理实验教学的管理实践证明,建立科学、有效的大学物理实验教学质量评估体系,不仅是促使评估结果与实验教学实际更相符的关键,而且也会对实验教学结果起到重要的调控、纠偏作用。开展大学物理实验教学质量评估,可以及时发现影响大学物理实验教学的问题,促进学校加大实验室建设的投入力度,引导教师重视实验教学,推动实验教学改革,提高实验教学质量。同时,也为学校实验教学质量检查、课程评估制度的建立奠定一定的基础。

第四节 应用技术型大学物理实验教学体系

物理实验是高等学校理工科类专业学生的必修基础课程。由于其覆盖面广，具有丰富的实验思想、方法、手段，同时能提供综合性很强的基础实验技能训练，是培养学生科学实验能力、提高科学素质的重要基础，其在大学阶段开设早，对后续的实验具有重要的影响。深化大学物理实验教学改革，不断探索教学体系、内容改革，对于适应应用技术大学转型发展，提高其服务地方经济发展的能力具有十分重要的意义。

一、物理实验教学体系、内容中存在的问题

（一）对实验课的重要性认识不足

物理实验课是大学理工科类专业的一门必修课，但不少学校并没有将实验课放在与其他必修课同等重要的地位，教师和学生将实验课作为理论教学的辅助环节。学生学习的主动性和积极性不高，对预习不重视，实验中被动地按照教师告诉的实验步骤按部就班地操作，程序化地写出实验报告，对实验设计思想、实验方案选定、实验仪器选择等缺少思考和分析。

物理实验往往独立教学，对后续的专业课实验考虑较少，目前的物理实验课程体系过分强调和注重知识机构的完整性，而没有从培养目标入手，开设与之相适应的实验项目，致使物理实验与专业课实验、市场需求的衔接不够。

大部分高等学校在人才引进时普遍对物理实验教师的要求较低，在后续的进修、培训、晋升等方面存在对实验教师不够重视。

（二）实验课教学方法和实验室管理有待改进

传统实验教学步骤是教师讲解、学生操作，学生自己对实验原理与方法的思考较少，

束缚了学生创造能力的提高，使学生认识不到实验设计与理论证明之间的必然联系，体会不出实验设计思想的精妙和证明过程的逻辑关系。

实验课的考核评价方式一般分为实验预习、实验操作和实验报告和期末考试，对理论的考核较多，对操作的考核较少，这种方式容易使学生凭记忆过关而非真正学到知识。

二、对物理实验教学体系和内容的改革与探索

（一）根据需要进行课程设置

与研究型大学不同，应用技术型大学的专业性、职业性和实践性更强，强调面向应用、面向实际，课程的设置应结合学生所学的专业，结合本地企业的人才需要，以"应用"为主旨和特征构建教学内容体系，重视对学生技术应用能力的培养。设计教学内容体系时不能完全以学科课程为主，不能过多地追求课程的学术性、完整性和系统性。要顺应专业发展的市场趋势，将4年本科教学中各门实验课作为一个整体通盘考虑，以能力和素质培养为主线，打破基础实验中力、热、电、光的界限，打破基础实验与近代实验的界限，以及近代实验与专业实验的界限，将各门课程进行重组与融合；建立由低到高、由基础到前沿、由接受知识型到培养应用能力型转变，使课程设置充分体现应用型本科教育的特征和应用型人才培养的目标。

例如，在力、热学实验中，增加低温、真空、材料热导、传感器等；在电磁学实验中，增加微电子、辐射等，加强"示波"测量，如用示波器测磁滞回线、用存储示波器研究电路瞬态过程，逐步加强数字电表、虚拟仪器在电磁学实验中的应用；在光学实验中，用平台部分代替导轨，增加组合性光学实验内容，用光电传感器代替目视，从定性测量转为定量测量，如光的衍射定量测量、偏振光定量分析等。

（二）创新教学模式，加强校企合作

一方面，学生在校学习期间，高校与相关企业，特别是所在区域的企业，可以建立起长效的合作机制，为学生提供实践的平台，校企合作的实践形式能够增强实验项目设置的实效性和针对性。另一方面，从企业中选拔兼职教师，由校内专职教师和企业中的兼职教师共同承担大学物理实验教学。

我国应用本科院校开设的专业大都是所在区域有大量需求的、比较热门的，应用型

本科院校要从地方特有的资源中，利用自身的区位优势，积极与本地企业合作，特别是与中小企业合作，着眼于本地企业的需要，开展满足本地企业需求的实验项目，形成独特的实验特色。

依托本地企业等实践机构，根据专业方向及今后就业需求的不同，在专业教师的指导下，结合新的培养计划，制定新的实验课题，以科学研究的方法进行实验教学，要求学生自行查阅资料、设计实验方案、选择仪器、完成实验、口头交流，写出分析性小论文。

（三）开设演示实验及仿真实验

学校结合实际建设了物理实验演示展厅，演示实验设备注重与学校所开设的专业结合，有的放矢地开设演示实验项目，特别是结合通信类专业的特点，加大了电磁类实验项目的比例。同时，编写所有实验的数据采集及数据处理软件，并在使用中不断优化和完善，才能有效地提高学生直接获取知识与解决实际问题的能力。

根据教学需要，学校购买了一些计算机进行仿真实验，利用计算机把实验设备、教学内容、教师指导、学生思考与操作有机地融为一体，形成一部可操作的活的教科书，克服了实验教学长期受到课堂、课时限制的困扰，使实验教学内容在时间和空间上得到延伸。同时，可以方便、低成本地更新实验内容，保持实验内容的先进性，学生通过仿真实验可以拓宽知识面，弥补实验仪器和设备的不足。

（四）强化教师队伍的"双向结合"

提高专职实验教师的聘任要求，在聘任专职实验教师时，除了要关注其学历水平外，还应重视其实践操作能力，改变"唯学历论的选材机制"，多方位引进高素质人才，适当地从相应企业行业中引进一部分有一线工作经历、实践经验丰富、符合高校教师任职资格条件的人来担任实验教师。

增加专职教师进入企事业单位实践的机会，让专职教师在实践中成长。要从待遇、晋升等方面制定强有力的措施，鼓励专职教师到企业、行业一线进行专业实践锻炼，学习、了解最新的发展和需要，使之不仅掌握教学的规律，还要具备相应的职业资格。

优化兼职教师的聘任机制，可以适当聘请相应专业的高级工程技术人才作为实验兼职教师。对兼职教师，高校要建立较为稳定的兼职教师服务机制，严格审核兼职教师的服务质量，加强兼职教师与专职教师之间的交流，促使兼职教师与专职教师"双向结合"，保证学术性与实践性的高度统一。

（五）改革考核制度，优化评价方式

在考核制度方面，平时的成绩考核包括预习报告检查、课前提问、实验过程监督和数据审核等几个部分；期末的实验考核以实验操作考试为主，防止学生凭记忆抄袭实验数据，教师现场抽签确定每个班级考试的实验项目，在操作考核的同时，教师辅以一定的提问，涉及该实验的原理、细节和相关数据处理等。将两种考核方式相结合，既考查了学生对实验技能的掌握，又反映学生对实验原理的了解情况，还可以减少抄袭和背书的现象，考核结果更加准确和全面。

在改革考核制度的同时，优化对学生的评价方式，充分注重学生能力的发展，如增设"第二课堂"。学校可以将共青团、学生会等部门视为"第二课堂"，有针对性地开展大学生实验技能竞赛活动，并将其纳入实验评价体系中。

物理实验课的改革是一项系统工程，必须包括管理体制、教学内容、教学方法、课程体系、师资建设等的全面改革。从培养应用型人才的要求出发，全面审视原有的课程体系，而不要就基础物理实验论基础物理实验、就近代物理实验论近代物理实验。课程设置、体系结构、教学内容的改革应强调应用，并体现各校特色。教学内容的更新需要经费投入，离不开领导的重视和支持，要多渠道寻求资金的支持。实验教学改革需要广大实验教学人员转变观念，加快知识更新速度，力求达到自身知识结构的现代化。

只要坚持"面向需求、明确目标、多元合作、改革创新"的发展思路，以实际行动去逐项改变，不断地做实、做好教学研究工作，并且集企业、学校、老师和学生多方之力，物理实验就一定会发挥其应有的、更加重要的作用。

第五节 培养学生创新能力的大学物理实验教学体系

大学物理实验课程是对高等学校学生进行系统科学实验技术和实验方法的训练，是培养学生科学实验能力和素养的重要实践性课程。而目前，我国大部分高校开设的物理实验课程采用的都是沿用了几十年的传统的教学手段，实验注重基础性内容，多为验证性实验，实验内容、实验技巧和实验方法缺乏创新理念。虽然大多数高校对物理实验教学体系都有一定程度的研究，但并没有形成一套完整的、高效的培养学生创新能力的物理实验教学体系，在日常实验教学中极少反映科学技术领域的新发展及工程技术领域的新应用，所以很难激发学生的物理实验兴趣，大大制约了物理实验课程的发展。我们在我校理科各专业的大学物理实验教学中开展了较为深入的培养学生创新能力的大学物理实验教学改革，通过给学生营造循序渐进的实验环境和学习氛围，激发学生的实验兴趣，激励学生个性的发展。在培养学生自主实验的同时，通过开放实验、设计性实验、实验竞赛，以及参与新实验设备研制等多种激励机制引导学生主动学习；通过参加各种科技制作、专业技能竞赛，以及教师实验教改课题研究等课外活动，激发学生进行创新性实验的兴趣，培养学生的创新意识和创新能力，使面向全校理科各专业学生的大学物理实验教学发生了彻底的变革，形成了自己的特色。经过近几年的努力，我们出色地构建了具有先进理念、现代实验内容和先进实验技术、分层次模块化的创新物理实验教学体系。我们自主研制开发和更新改造了一批物理实验教学设备，使综合性、设计性实验比例提高。同时，实验室实行开放式管理，学生自选实验题目，点面结合，建立了学生自主学习的大学物理实验教学新模式，切实使学生在新的实验体系中动手与动脑相结合，教学效果较好。

一、培养学生创新能力的大学物理实验教学体系基本内容

构建培养学生创新能力的大学物理实验教学体系，就是对大学物理实验教学的课程体系、教学方式、教学内容、实验方法、技术手段、实验成绩考核、师资队伍培养和教学管理等方面进行全面而系统的改革与建设。该体系的基本建设内容如下。

（一）建立以综合性实验和设计性实验为核心的内容体系

我们编写出版的大学物理实验教材在传统的验证性实验、常规仪器使用训练的基础上重新选择、组织和调整实验内容，增加综合性、设计性、具有延伸性的实验内容。新的物理实验教学体系强调学生的自主学习能力，加深学生对物理学是建立在以实验为基础上的科学的认识。实验内容不再单一，体现了多样性和综合性，学生的实验操作能力得到很大提升；建立了以综合性实验和设计性实验为核心的内容体系，实验教学过程中的可操作性增强了；把部分实验内容，特别是近代物理实验部分与教师的科学研究联系

在一起，使学生参与到教师主导的科研项目中去，促进了科研创新。

（二）构建分层次、模块化等物理实验课程体系

以"加强基础、重视应用、开拓思维、培养能力、提高素质"为指导思想，以逐步提高学生的科学实验素质和创新能力为目标，为满足不同层次人才培养的需要，构建了面向全校各专业从大学本科一年级学生至硕士研究生的分层次、模块化、点面结合、全面开放的物理实验课程体系。完整的课程体系包括基础训练物理实验模块、基本物理实验模块、综合性设计性物理实验模块、应用物理实验技术与方法模块、高新技术物理基础专题实验模块五个层次。

（三）建设具有先进实验内容和实验技术的实验课程体系

大学物理实验课程内容的彻底改革是物理实验教学改革与建设的关键和难点。建设实验内容、实验方法和技术手段先进，反映当今科技进步和有特色的物理实验课程，对培养创新型人才具有重要的作用。在这方面，我们主要进行以下三方面的工作：（1）在综合性、设计性实验中，大量引入对近代物理学发展和现代应用技术有重要影响的实验项目；（2）在实验中，大量引入在科学研究和工程技术中实际应用的先进的实验方法和技术手段，使现代科技进步的成果渗透到物理实验课程内容中去，使物理实验教学更贴近科技研究前沿；（3）积极研究和开发新的大学物理实验项目。

（四）改革实验教学方法与实验考核方式

在实验教学方法方面，强化学生的实验设计能力和创新能力。在设计性实验和创新型实验的基础上，明确实验目的，指导教师提出设计的技术要求，实验室提供基本的实验仪器，让学生在规定时间内完成实验设计任务。通过这样的训练，培养学生的创新意识和实验设计能力。自应用这种教学方式以来，学生的综合能力与综合素质明显提高。

在实验考核方式方面，采取免试与操作考试相结合的考评制度，综合考核学生的实践能力。根据学生平时做必修实验、选修实验，以及综合性、开放式实验的情况，结合学生在设计性实验中体现出来的创新意识等，确定免试学生名单，综合地评定学生成绩。

（五）建设课外实践基地，提高学生的创新能力

在物理课外实践基地、开放实验室等，学生在一些专家的指导下进行技术改进、研

制与开发新产品，既培养了其创新意识和创新能力，又充分利用了学校资源。通过给予学生一定的经费帮助和学分奖励，鼓励学生参与各种科技创新活动。近几年，学生在参加物理实验技能大赛、物理教学技能大赛、航空模型比赛、电子设计竞赛等比赛中取得了非常优秀的成绩；学生在课外实践基地，积极参与教师主导的实验仪器开发，取得了多项发明专利，发表了许多有价值的研究论文。这些成绩的取得，充分体现学生的创新能力得到很大提高。

（六）加强师资队伍建设和物理实验教学管理

在现有专职实验教师的基础上，通过培养和引进人才，壮大了大学物理实验教学队伍；鼓励专业教师参与实验指导和实验室建设与管理。实验室建设实行教学与科研相结合的方针，在学校人才培养激励机制的推动下，已形成一支素质优良，职称、学历、年龄结构合理的师资队伍，有效地保证了"培养学生创新能力的大学物理实验教学体系"课程建设和教学改革的深入，大学物理实验教学效果得到显著改善。

二、建设有特色的培养学生创新能力的大学物理实验教学体系

各高校的办学思路和办学理念不尽相同，我们充分认识到过去对学生的实验动手能力的培养较弱，导致一些学生的综合素质和综合能力欠佳，不能满足新形势下社会对高素质人才的要求。为了改变这一局面，我们在加大实验经费投入改变办学硬件的同时，着手对实验教学体系进行改革，为建立具有特色的新的大学物理实验教学体系，我们做了以下两方面的工作。

（一）建立动态更新的实验内容和课程体系

为满足不同层次人才培养的需要，我校积极构建了分层次、模块化、点面结合、全面开放的物理实验课程体系，具体包括基础训练物理实验模块、基本物理实验模块、综合性设计性物理实验模块、应用物理实验技术与方法模块、高新技术物理基础专题实验模块五个层次。

（二）鼓励学生参与各种科技创新活动

通过物理课外实践基地和开放实验室，学生在一些专家的指导下研制与开发新产品，既培养了学生的创新意识和能力，又充分利用了学校资源。学校给予学生一定的经费，帮助和鼓励学生参与各种科技创新活动，学生在这些活动中取得较好的成绩，在一定程度了提高了学校的知名度，同时也强化了学生自身的综合素质，培养了他们的项目意识和团队意识，提高他们适应社会的能力。

三、培养学生创新能力的大学物理实验教学体系的创新点

（一）实验课程体系的创新

新的大学物理实验教学体系以"加强基础、重视应用、开拓思维、培养能力、提高素质"为指导思想，以逐步提高学生的科学实验素质和创新能力为目标，构建了分层次、模块化、点面结合、全面开放的物理实验课程体系。

（二）实验内容的创新

重新选择、组织和调整实验内容，增添一些综合性、设计性、具有延伸性的实验内容，建立实验内容连续、结构科学合理的实验教学体系。

（三）实验手段的创新

将电化教学、计算机仿真实验、多媒体技术，以及计算机采集和处理实验数据等现代科技手段应用于实验教学中，使学生更好地掌握现代科学技术，为学生更好地发展打下坚实的基础。

（四）实验教学方法的创新

改革传统实验教学方法，将一般的实验内容以设计性的思路讲解，将实验的设计思想、实验方法、仪器选择和实验数据的处理分析方法作为讲授的重点，将实验方法和实验仪器使用方法传授给学生，而不是传授具体的实验内容。在抓好课内必修、选修实验内容，引导学生自主学习的同时，加强学生物理课外实践基地建设，把大学物理实验室、

物理专业实验室、趣味物理演示实验室向全校学生全面开放，给学生营造一种循序渐进的实验环境和学习氛围，给学生的个性发展提供空间，使物理实验教学体系紧跟时代发展的需要。

（五）人才培养体系的创新

改变人才的培养模式，通过物理课外实践基地和开放实验室，让学生参加各种比赛与物理实验新产品开发，培养学生的创新意识和能力。

四、培养学生创新能力的大学物理实验教学体系取得的效果

（一）在一定程度上促进了教学内容的完善

通过强化实验的价值，通过实验活动的课外延伸，学生对课程实验和独立实验有了更为充分的认识。由于与自身成绩评定、学分认定及个人成果（专利、奖状、证书）联系紧密，学生参与实验的热情高涨，在一定程度上促进了教学内容的更新和完善，营造出理论与实践相结合的氛围。

（二）实验训练促使学生的创新意识不断提高

由于学校对基础实验室资金投入力度的增加，为开设综合性实验打下了坚实的基础。通过设置不固定实验器材的实验目的，使学生利用现在的设备资源来完成实验，极大地提高了学生自主设计实验的能力；通过建设实验平台，在老师的指导下，学生能够根据给定的设备完成实验内容，实验的综合性得到增强；通过设置较为灵活的实验内容，学生需要经过前期准备才能完成，有的需要自行设计，使学生的自主创新意识不断提高。

（三）学生参与教师的项目研究增强其对学科的认识

近年来，不只是硕士研究生，很多本科学生参与教师项目研究的积极性也有了很大提高。例如，学生参与实验器材的设计，获得了一些专利成果；参与教改项目的研究，对物理实验的教学内容提出了许多有价值的意见，使实验内容不断更新；参与真空镀膜实验室、天文观测实验室和航模实验室的工作，熟悉了部分大型设备的操作规程，对仪器设备的原理也有了全新的认识，理解了科学研究的艰辛，开阔了视野。本科学生的参

与提高了教师的科研进度，学生也增强了对本专业和学科的认识，对他们今后的发展也会产生积极的影响。

（四）专业技能竞赛提高学生和学校的竞争力

设计性实验的延伸，特别是以创新为核心的专业技能竞赛，为学生能力的提升提供了广阔的平台，学生参与面广，面对各个高校的同学充分展示自己的能力和作品，获得了较好的成绩。通过这样的竞赛活动，学生的竞争意识得到了提升，为以后的就业打下了坚实的基础。学生参加这样的专业技能竞赛活动，展现了学校的风采，提高了学生和学校的核心竞争力。

（五）学生的项目意识和团队意识不断增强

学生要明确自己的学习目标和任务，完成任务要有详细的项目规划。在大学期间，学生在教师的辅导下，通过自身的努力去完成学习任务，积极、主动地参与到设计性实验、与实验有关的专业竞赛活动和科技创新活动等，学会以项目的形式对设计目标进行前期论证和规划，制定研究方案和研究路线，培养自己的项目意识。在实验过程和创新设计的过程中，团队成员们认识到了相互协作的重要性，团队意识不断增强。

"培养学生创新能力的大学物理实验教学体系"已经在某校理科各专业《大学物理实验》课程中全面实施，取得了很好的实验教学效果，同时也积累了丰富的实践教学经验，其应用前景广泛，值得对外推广。"构建培养学生创新能力的物理实验教学体系"是一项复杂的系统工程，虽然目前已经取得了一定成果，但还需在实践中不断扩大物理实验的教学改革成果。

第六节 以能力培养为导向的大学物理实验教学体系

物理学是一门以实验为基础的学科，在学生科学素质、能力的培养中发挥着非常重要的作用。大学物理实验反映了理工科中实验思想、实验方法，以及基本原理与实践工程相联系的普遍性问题，在人才培养中有不可替代的地位。同时，大学物理实验作为大学生必修的第一门科学实验课程，能够让学生受到严格系统的实验技能训练，掌握科学实验的基本知识、方法和技巧，更重要的是在实验过程中，锻炼学生的理论联系实际、用现有知识分析和解决实际问题的能力，以此来培养学生严谨的科学思维能力和创新精神。

一、大学物理实验教学体系现状和改革背景

教育部高等学校物理学与天文学教学指导委员会颁布的《理工科类大学物理实验课程教学基本要求》中明确提出，在实验课程要求中主要包括四种学生能力培养，即独立实验的能力、分析与研究的能力、理论联系实际的能力，以及创新能力。所以，大学物理实验课程不能成为学生仅动手就能机械完成的手工课，而应在实验中充分调动学生的积极性，引导学生积极思考，建立起实验的思维。长期以来，各高校大学物理实验课程不断进行各种教学改革的尝试，很多学习平台都取得了显著的成效。但是，在大学物理实验课程的教学中还存在着很多短期难以解决的问题。

（一）教学理念陈旧

一些教师往往局限于传统的教师主体作用，在实验课上讲得多、讲得细，他们认为只有教师讲到的内容，学生才能在实验中注意到，学生才能掌握，而没有注重课堂效率。同时，实验的教学模式单一，教师单向输出。在传统课堂中，仅突出了教师的中心地位，忽略了学生的主观能动性，抑制了学生创新思维和能力的发展，这就导致实验课上教师讲得多、学生动手少现象的出现。

（二）实验内容单调

各高校由于实验设备有限，实验项目往往比较单一，多为验证性实验，缺乏创新性实验项目和前沿方向的实验项目，实验项目与理论课程脱节严重；实验教材编写的内容过于细致，仅局限于一个实验上，缺乏实验间、学科之间的联系。

（三）学生主动性差

教师往往低估了学生的能力，就怕学生不能完成实验，所以教师讲解得过细，甚至

是手把手地讲授实验操作过程，忽视了学生独立思考及动脑分析研究的重要性，没有充分调动学生的积极性。

二、教学理念的转变

实验课程不同于理论课程，实验课程更多的是动脑动手，让学生熟悉基本的仪器操作和实验方法。学生只有在真正理解实验原理、实验方法后，才能动手操作，这就需要师生在实验课堂上积极转变教学理念。

第一，突出强化学生主体地位，是学生做实验，而不是教师讲实验。教师可以充分利用翻转课堂的优势，将学习资源提供给学生，学生根据各自的学习进度安排自己的学习。特别是在实验课上，学生可以根据自己的实验进程，多次重复查阅各种学习资料，以达到独立实验的目的。

第二，学生是课堂的主人，教师应将课堂时间还给学生。教师应该根据不同学生的特点，而确定对学生进行实验操作的期望值。对于大多数学生来说，他们完全能够通过自己的学习完成实验内容，教师应当放手让学生独立完成实验。教师将原来的讲课形式转变为与学生一对一的交流指导，同时通过实验室内巡视，激发并监督学生的学习，保证学生在实验课堂中的持续参与性；利用鼓励性的语言激励学生，由学生自主发现问题、解决问题，在做中学，逐渐建构起物理实验的基本方法。

三、教学体系改革内容

（一）实验项目的规划重整

为了增强学生学习的有效性，首先，我们对实验项目进行了整合，根据实验内容或实验原理等，将某个关键因素相同或相似的项目整合在一起，在一次实验课上完成。例如，将迈克尔逊干涉仪的调节与使用和干涉法测量线胀系数两个实验整合在一起，学生在掌握迈克尔逊干涉仪的使用后，就能将实验原理或操作方法快速迁移到线胀系数的测量上来，降低了第二个实验的难度，提高了学习的效率，达到了有效学习的目的。类似的整合项目还有二踪示波器的使用和光纤通信实验、动态法和静态法测杨氏模量等。其次，根据实验内容的改变，我们重新编写了一套集视频微课、仿真动画的多维度立体化教材。最后，为了适应实验项目，积极调整学生的学习状态，我们将单次实验上课的时间由每次 3 学时增加为每次 5 学时，给学生充分的时间去动手动脑进行实验，培养实验分析、发现问题解决问题的能力。

（二）信息化资源的建设

在传统实验课程的教学中，学生要对教材进行课前预习，但是书本上的文字、图片对于形象具体的实验内容来说非常枯燥，很多学生为了完成预习任务机械性地抄写教材，看不到实际的实验仪器和实验现象，预习的效果非常差。随着信息化网络技术的飞速发展，几乎每个学生都有智能手机，这就为实验课程的信息化、网络化提供了发展空间。并且，视频、图片或仿真软件等信息化素材相对于文字素材来说，能够促进学习者提高学习效率。为了更好地完成实践类课程的预习，我们需要将实验课程中所需要的所有内容进行信息化建设，包括视频、仿真软件、数据处理软件和实验教材等，然后将这些信息化素材通过二维码与教材、实验室进行有机结合，学生在阅读教材、进行实验操作等过程中，如果遇到问题，就可以扫描该处对应的二维码，直接链接到服务器上的信息素材，观看教师的讲解视频、操作仿真软件等来释疑解惑。这样做是为了降低学生的使用障碍，与我们的教学结合起来，真正地发挥信息化的优势。

（三）实验室环境的重新布局

为了提高实验仪器的使用率，提高学生学习的有效性，建立丰富的实验室文化，我们对传统的实验课堂进行了较大改变，将只有 1~2 个实验项目的传统实验室改造成为具有 10~12 个实验项目的"实验超市"。并且，"实验超市"内提供无线网络。学生可以在实验室内看到该学期所有要用到的实验仪器，学生可以在第一次实验课上根据兴趣、专业特点等自主选择 8~10 个实验项目，满足学生的个性化学习需求。同时，在实验过程中，学生可以建立起各实验项目之间的关联，触类旁通，充分地理解实验内容。

四、具体的教学实践

（一）课前预习

为了保证学生能够独立完成实验，培养学生独立实验能力，使学生成为课堂的主人，我们将几乎所有的课堂时间还给学生，在课堂上教师不再进行集中授课，只对学生进行单独的指导。这样就对学生的课前预习提出了更高的要求，学生要在课前完成教师要求的预习任务。预习任务主要由提交纸质预习报告、网络在线课堂学习两部分组成。学生需要在课前观看网络微课视频、做网络预习测试题、完成纸质预习报告，在实验课上教师要对学生的预习情况进行检查。

（二）翻转实验课堂

学生根据教师的安排，2~3 人组成一个学习小组，在实验课中围绕实验内容进行同步学习。教师在实验课上鼓励学生积极讨论，学生可以在学习小组内进行交流沟通，极大地提升了学生主体的自我效能，学生的参与感强烈，可以促进有效学习。

1.课内预习

在实验课前 10%的时间里，我们要求学生进行二次预习，对照实物将实验原理、内容等进行学习，学生也可以根据自己的预习情况，将不懂的问题与其他同学或教师进行讨论。同时，教师根据讨论的情况对学生的预习情况进行检查，适时提出一些问题，根据学生回答、讨论的情况进行预习评价。这样，学生就可以根据预习和讨论对实验有了整体的把握，逐步把头脑中理论化的物理原理与现实中的实验仪器、内容进行联系，从而培养学生理论联系实际的能力。

2.互助交流

学生在完成实验的准备后，独立完成实验，对于简单的问题，教师不再进行回答指导，而是鼓励组内、组外学生互助讨论，通过分析研究找出解决问题的办法。有的学生喜欢自己解决问题，他们会拿出教材或者打开视频重复观看，寻找问题的解决办法；有的学生喜欢讨论，根据他人的分析或者经验，快速找到解决方法；有的学生则喜欢延伸思考，找出背后的原理，与教师进行讨论，理解原理后再来解决问题。事实证明，无论是通过什么方式，绝大多数学生都能找到答案，虽然比较耗费时间，但学习效果却比教师直接讲授好得多。通过对实验的操作，学生对基本实验方法不断了解、积累和熟练，逐步形成借助独立思考及科学方法获得知识的心理暗示，学生就能以更快捷高效的方法进行实验，提高自身的能力。通过期末的匿名问卷调查可以看出，学生们全都喜欢这种上课方式，他们体会到了努力后收获成功的喜悦，也树立了自信心，他们认为这才是真正的实验课。

（三）学习的过程性评价

在这种教学模式下，学生的评价往往较难。我们采用过程性评价，着眼于学生能力的培养，而不是实验任务完成的速度，应该通过网络平台、课堂预习效果、能力展现等几个方面对学生进行评价。

在实际中，我们发现了传统课堂中出现的一些问题。例如，学生在实验过程中完成实验的程度有较大差异。有部分学生通过课前的充分预习，积极动脑思考，能够充分理解实验原理，又快又好地完成实验内容；有的学生对于原理理解得不够，动手能力较差，实验内容进行得非常缓慢或者根本完不成。这时，我们尝试采用学生助教这种方法，让学有余力的同学去帮助实验能力稍差的同学。在实践中发现，对于助教学生来说，教师和同学对他的认可，使得他们的自信心得到了极大提高，不用教师激励，他们就能非常积极地指导帮助其他同学；对于实验能力稍差的学生来说，生生之间的交流帮助比师生交流更加顺畅，在自我效能的驱使下，实验能力稍差的学生也在积极地思考，努力完成实验。根据学习金字塔理论，学生的动手实验、讨论，以及学生助教的教授都达到了主动学习的效果，学习内容的平均留存率相对于传统课堂有了极大提升。对于助教学生来说，实验课堂完全是他们发挥聪明才智的园地。

经过两年多的教学试点，这种新形态的教学体系得到了校内外专家、教师和学生的认可。学生在该教学体系中，始终处于主体地位，教师在交流、监督中对学生的学习起到了有效的指导作用，学生各方面的能力也得到了锻炼。在调研中，学生纷纷表示，通过一个学期的实验课学习，都有很大的收获。我们认为这种方式解决了传统实验课堂的问题，大大提高了实验课程的教学效果，可以在各类实验实践类课程中推广。

第四章 大学物理实验教学方法

第一节 大学物理实验绪论教学方法

　　大学物理实验是理工科学生在大一、大二开设的一门公共基础课，是学生进入大学后系统接受实验方法和实验技能训练的开端。它将为学生学习后续的实验课程打下坚实的基础。而实验绪论课是实验课程的第一堂课，绪论课教学效果的好坏直接影响到后面实验课的教学。

一、绪论课在物理实验课中的重要性

（一）让学生明确大学物理实验课的地位和作用

　　许多学生有重理论轻实验的思想，不明白为什么大学物理实验要单独设课，把大学物理实验和大学物理这两门公共基础课混为一谈，或者认为大学物理实验和自己的专业相去甚远，感觉这门课用处不大。教师要利用上绪论课的机会及时纠正学生的认识误区。大学物理实验是学生系统接受实验方法和实验技能训练的开端，通过传授科学实验的基本知识、方法和技巧，培养学生严谨的科学思维能力和创新精神，培养学生理论联系实际及分析问题和解决实际问题的能力。因此，大学物理实验被列为单独设课的实践类课程，同时也是基础课中唯一的实验课，说明了大学物理实验教学与理论教学有着同样重要的地位和作用。

（二）明确提出实验课的基本要求和实验程序

在绪论课中，教师要让学生明确物理实验课的基本要求和程序，从而为实验课做好准备。实验课有三个重要的环节，即课前预习、实验操作和实验报告。预习是做好实验的基础，学生要认真阅读教材中的有关内容，明白实验的目的和要求，正确理解实验原理和实验步骤，初步了解仪器的基本性能和操作规程。实验操作是实验课的主要内容，在实验中，学生要正确地调节和使用仪器，及时记录实验数据和实验现象。数据记录要做到整洁、清晰和有条理，实验的原始数据经教师检查后签字认可。实验报告的书写要规范，数据处理要有详细的过程，对所得的数据进行不确定度的分析，并能用有效数字正确表示，得出的结果应包括测量值、不确定度和单位。教师出示学生写得好的实验报告样例，让学生对怎样写实验报告有一个正确的概念。

二、采用分散式教学法提高教学效果

多年来，笔者在上绪论课时采用分散式教学法，即精讲部分内容，而将其他问题留到后续的实验中讲解。具体做法是：讲解实验的基本程序和要求，精讲有效数字及其运算、测量误差的估算、测量结果的表示等，而将基本仪器的调整、基本测量方法和数据处理方法等放到具体的实验中去讲解，就是在做某个实验前讲述所用到的仪器的调整和使用方法、注意事项及该实验用到的数据处理方法。

三、将绪论课内容纳入实验成绩考核中

大学物理绪论课中所介绍的理论知识贯穿于整个实验课程中，对于理工科学生来说，在后续专业课程、工程实验和高层次科研工作中，都会用到误差分析及数据处理知识。如果绪论课的知识掌握得不好，将会直接影响到学生实验技能的培养。在绪论课教学时，笔者有意让学生明确大学物理实验的考核方式。我们对大学物理实验课的考核方式采用多元化、综合评定的考核方式。大学物理实验总评成绩由平时成绩和期末成绩两部分组成，主要包括：平时考核占总考核的50%，包括四项，即课前预习占平时考核的10%、实验操作占平时考核的50%、实验报告占平时考核的30%、综合素质占平时考核

的 10%；期末考核占总考核的 50%，为期末笔试或者操作考试；参加科技活动作为加分项。考核评定结果分为优秀、良好、中、及格和不及格五档。

期末考核采用笔试和操作考试两种方式，每学期采用一种方式考核。第一学期在学习了"测量误差及数据处理"基本理论、基础实验和一般仪器的使用方法等后安排笔试考核。大学物理实验课程笔试与理论课程考试类似，全面考查学生掌握误差理论知识、实验原理、仪器操作使用方法、数据处理的方法和测量结果表示等。绪论课的内容在试卷中占有一定的比例，突出绪论课的重要性。

四、采用及时反馈的方法进行教学

大学物理实验绪论课是物理实验课的第一堂课，教学课时只有 3 个学时，内容有误差理论及数据处理方法，还要介绍基本测量工具的使用。尽管在绪论课教学时采用了一些行之有效的方法，但在后面做实验时及实验报告中可以发现，学生对绪论课的内容掌握得并不是很理想，表现在对实验报告数据处理时，不清楚计算平均值时应该保留几位有效数字，分不清相对误差和绝对误差，测量结果表示平均值末位与不确定度误差位不对齐等。

五、充分利用多媒体设备进行教学

在讲大学物理实验课程的地位和作用时，可在较短的时间内，用大量精美的图片展示出物理实验在科学发展史中的重要作用，精彩的讲解结合精美的图片，能激发起学生学习的热情和兴趣，也解决了绪论课内容抽象和枯燥的问题。

物理实验绪论课理论性强，内容繁多，加上教学时数有限，利用多媒体教学设备进行物理绪论课教学能收到很好的效果。例如，螺旋测微器的零点读数及修正是教学的难点和重点，把实物放到多媒体实物展台上，屏幕上显示放大的图片，可保证每个学生都能看清，教师讲解起来非常轻松，很容易突破难点。

大学物理实验绪论课是实验课的开端，绪论课的教学效果影响整个大学物理实验的教学质量。上好绪论课，可为实验课打下良好的基础，实验课也就成功了一半。

第二节 大学物理演示实验教学方法

为了提高学生对物理的兴趣，大学物理演示实验是一种很好的教学手段。在物理演示实验中，可以人为地创设物理情景，激发学生的兴趣和求知欲，促进学生思维发展和能力的提高，巩固和加深对物理知识的理解和应用，训练学生的实验技能和动手能力。

一、大学物理演示实验的作用

（一）可弥补物理实验设备和操作时间的不足

由于实验设备经费的限制，物理实验数量是有限的，而且每个实验项目只能提供有限套数的实验设备，不可能做到每名学生一套实验设备，这就会导致在分组实验中，有的同学没有动手操作设备的机会。考虑到时间的限制和课时的要求，学生的实验主要依照实验步骤按部就班地进行，学生有机会捏造或拼凑数据而蒙混过关，这也导致部分学生在实验课上的积极性不高。物理演示实验结构简单，操作方便，现象直观，可以弥补物理实验中实验设备和操作时间的不足。

（二）能加深学生对物理原理的认识和理解

物理中的概念和原理是在实验的基础上抽象和概括出来的，要使学生真正理解并掌握大学物理的理论内容，必须在教学过程中将理论和实验结合起来，通过演示实验使学生获得丰富的直观的认识，再通过思维建立起正确的概念，同时有利于培养学生科学的学习态度和方法。

（三）能激发学生对物理学习的主动性

物理演示通过对具体物理过程、物理现象的展示，使学生把难以理解的物理现象转化成直观的图像，消除学生在学习中因抽象、枯燥而产生的厌烦心理，提高学生对物理的学习兴趣，从而激发学生对物理学习的主动性。

二、大学物理演示实验教学现状

目前，国内各高校对大学物理演示的建设都十分重视，投入了一定的经费建设演示实验室、引进设备，都有一定的物理演示实验设备，开展了一些多媒体模拟演示实验。但是如何在实际教学中充分利用这些实验，各个高校采用的方法不同，每种方法既有优点，也有缺点。

（一）物理演示实验教学手段

1. 实物演示

实物演示是利用真实的实验设备，有教师当场进行实验，真实度高，学生容易接受，但是一般实验设备价格高，受到经费的限制，不可能对所有的理论都配备相应的实验仪器，并且有的理论很难有相对应的实物演示实验进行演示，如微观领域的规律等。

2. 多媒体模拟演示

随着计算机运行速度的加快，计算机模拟实验广泛地应用在各个理论教学中，大学物理也不例外。其优点在于可控性和稳定性好，能够随课堂教学内容及时地改变和调整，在播放过程中也可以随意调节。对于一些难以有实物实验对应的物理过程，也可以设计和描绘。具有较好的交互性，可以方便地更改实验初始条件，而得到不同的结果。但其缺点也很明显，过多地在课堂上使用多媒体模拟，容易使学生对物理的真实性产生怀疑。

（二）教学方式及其受到的限制

1. 集中演示

某校的演示实验一直沿用集中教学的方式，由专职教师负责授课。在演示课堂上，一般由老师操作实验仪器，然后对实验现象进行分析和讲解。这样做的优点是，在短时间内将相应的实验展示给学生，时间容易控制。由于是专职教师负责，所以设备、仪器等容易得到很好的维护，并且对实验的顺利开展有一定的保障。但也有很大不足，在整个教学过程中，学生没有参与到实验的过程中，无法对演示实验有更加直观和深入的理解。并且，集中教学往往是以班级为单位进行的，受到实验仪器数量不足和教室面积的限制，全校班级只能轮流上课，这样会导致物理理论课和演示实验不同步，使得演示实验起不到应有的作用。

2.随堂演示

有的学校大学物理演示采用的是随堂演示的方法，可以在一定程度上弥补集中演示的不足，但考虑到同时上课的班级很多，要想照顾到所有的班级，必须准备足够数量的实验设备，这必然受到经费等条件的限制。由于物理教学的老师会利用很多时间来备课，难以有足够的时间充分熟悉实验，这也就难以保证实验的成功率，还有可能影响实验的进度。由于受到实验仪器规模的制约，不可能将所有的实验仪器都搬进教室。另外，大学物理教学一般是大班制教学，实物演示的可视性大大降低。

三、建立和完善演示实验教学方法及体系

为了在教学中更有效地发挥演示实验的优势，根据教学形式的不同，可以把演示实验分为在课堂教学过程进行的随堂演示实验、针对各章节内容的集中演示实验、课外开放物理演示实验和基于教学资源平台的多媒体物理演示实验这四种方式。

（一）课堂演示实验

课堂演示实验是教师在课堂上运用得最多的一种比较成熟的实验类型，是主要与教学内容同步的用以说明物理概念、规律的实验。教师在理论讲授中，可以穿插相应的形式各异的演示实验，包括实物、视频、录像，以及利用多媒体技术制作的演示动画、演示图片，其特点是现象明显、直观形象、操作简便、花费时间短。例如，在转动部分可以用转动定律演示仪演示，受迫振动与共振可以用共振摆演示，涡电流可以用涡流管来演示。另外，对于一些结构精细的演示实验，如单缝演示、圆孔衍射等，则采用实验录像和动画进行演示。随堂演示使学生增强了对物理过程和物理图像的感性认识，对巩固和加深物理理论的理解、活跃课堂气氛、提高课堂教学效率有重要意义。

此外，为了避免出现在随堂演示过程中学生完全处于被动接受者地位的现象，可以采用情景教学随堂演示方式，即让学生通过与教师或者同学交流而学习知识、培养能力。创设情境使学生由被动接受知识变为主动探索，有利于学生思维自觉性和自主创新能力

的培养。

（二）集中演示实验

集中演示实验是课堂演示实验的再现和补充，它紧密配合教学，让感兴趣的学生能走近观看或自己创造一个主动靠近和接触演示实验的机会。采取的方法是，教师在上完某一章节后，给学生安排一次集中演示。例如，"鱼洗"驻波演示仪，可将振动、振动合成、波的产生与传播、波的叠加和干涉等有关内容集中演示；怪坡演示仪，可以演示质心运动定理，并说明势能和动能的相互转化。将演示、观察、思考和复习相结合，使学生对所学内容中的概念、规律、原理等理解得更清晰、掌握得更牢固。这样，可节省时间且内容覆盖面较全面、效率较高，也注重了学生情感和技能的发挥，突出实验技能与联系实践的需要，培养学生的物理实验思维，提高学生的学习能力。

（三）开放物理演示实验

由于课堂教学课时少，班级人数多，有些演示实验的演示效果受到环境、时间、空间、仪器套数的限制，很难在课堂上普遍开展，例如光学部分的演示实验、高压静电相关实验、高新技术实验等。应该充分发挥实验室开放的时间和空间优势，将未能使用的演示装置提供给学生观看。另外，开放物理演示实验还可以达到课堂不能达到的效果，能够创造浓厚的物理氛围，启迪学生思维，激发学习兴趣，培养创造能力。同时，更有充足的时间和技术条件允许学生自行操作，提高和培养学生自主学习的积极性，给有兴趣的学生提供一个实践动手的机会。为了充分发挥开放物理演示实验在培养学生创新精神和科学观察能力方面的作用，应该增加大学物理演示实验室的开放时间，鼓励学生亲自体验、动手操作，提出疑问，并展开激烈的讨论，使他们成为主动的探究者，可以最大限度地发挥学生的主观能动性，从而培养学生的创造能力。

（四）基于教学资源平台的多媒体物理演示实验

在教学中，往往有很多现象难以被学生想象，又无法通过实验来展示，而这些现象对于学生理解、掌握概念和规律却有着重要作用，如不同带电体电场线的分布、电流磁感应线的分布等。此时，我们就可以利用多媒体技术制作一些形象直观的动画进行演示。另外，为了适应现代化物理教学发展的要求，可利用一些较好的教学资源平台，建立演示实验资源平台，将相关的演示实验课件、录像放到网络上，建立微信公众号及二维码，便于学生利用课余时间进行观察、学习和探索。网络演示实验克服了课堂教学对时间、地点的限制，使学生对物理理论的学习更加方便，既激发了学生的求知欲，又增强了学习兴趣，有利于充分发挥学生的学习主观能动性，为培养学生良好的科学素养打下基础。

四、建立与演示实验教学相应的激励机制

为了使学生高度重视演示实验的作用，避免一味地记忆理论公式，可以适当地采取一些激励机制。

（1）将演示实验的参与程度与学生的平时成绩挂钩，强化学生的主体性，变教师演示为师生互动。在传统的课堂教学中，演示实验通常由教师进行，学生来观察，这种演示方式忽视了学生在教学活动中的主体地位，在一定程度上限制和阻碍了学生学习主动性的发挥与潜能的发展。因此，在演示实验中，也应让学生成为实验的主体，提高他们的参与意识和主观能动性，从而最大程度地挖掘他们的潜力。

（2）鼓励学生进入演示实验室进行研究性学习，以演示实验项目为主，寻找相关的创新研究课题，培养学生的开放性思维能力和创新能力。

（3）完善期末考试中演示实验考核制度。每学期可以给每个班级设定几个演示实验，学生可在演示实验开放时间内随时进入实验室开展学习和研究，在期末考试中将以这些实验作为考点进行考察，增强学生对演示实验的重视程度。

五、建设相应的演示资源库

要充分发挥各种演示实验教学方法在物理教学中的作用，培养学生的实验思维和创新能力，必须建立相应的演示资源库。演示资源库的建设不仅仅包括购买演示实验器材，还包括自制演示仪器、视频、录像，以及利用多媒体技术制作的演示动画、演示图片等。

（1）录制较为完善的与力学、热学、电磁学、光学、近代物理、振动与波动六大分支模块相关的演示实验录像，可解决教师上课集中、演示实验套数少的矛盾。另外，对一些结果较为精细的演示实验现象，可通过在课堂上播放录像的形式，帮助学生更为直接、清晰地观看实验结果、探索物理规律。

（2）建立较为丰富的演示动画和图片。利用多媒体技术制作演示动画和演示图片，

用 Matlab 软件进行仿真模拟，也可利用其他软件制作一些高新技术演示图片，或者直接在网上搜集。

（3）增加自制演示仪器。对于一些原理简单的演示实验现象，教师和学生协同合作自制一批演示仪器，目前已自制了智能光跟踪演示仪、嵌套式无线输电演示仪、LED 可见光音频传输演示仪、帕尔贴—塞贝克效应演示仪、大型蛇摆、多珠竞走、四轴飞行演示仪、全息三维投影技术演示仪等。

演示实验不仅能活跃课堂气氛、激发学生的学习兴趣，还能促进学生对概念和规律的理解，更能培养学生的观察能力、思维能力、创新能力、探索精神，以及良好的学习方法，它不仅是一种基本的教学手段，更应视为物理教学的重要组成部分。通过建设相应的实验资源库，采用系统、科学的演示实验教学方法，充分发挥其在大学物理教学及学生实验思维和创新能力培养方面的作用与效果。

第三节 大学物理实验课程教学方法

大学物理实验课程作为学生步入大学校门后接触到的第一门实验课程，对于学生的大学学习有着重要的指导作用。大学物理实验的教学目标和意义在于帮助学生掌握相关物理知识的同时，培养学生的动手能力、思考能力，以及解决问题的能力，不但要让学生储备更多的知识，而且要培养学生的学习能力。

但是，目前的大学物理实验课程的教学成果并没有达到预期的目标，其中主要原因是教学方法存在误区及教学资源不到位等。想要真正解决这两个问题，就必须将学生作为课堂主体这一原则切实贯彻在每一次教学当中，加强高校教学资源的优化建设。

一、改变传统的教学方法，将学生作为主体

传统的教学方法可以总结为"应试教育"和"填鸭式教育"两种。前者是为了让学生能够在考试中取得理想的成绩，后者则是前者的辅助方式，这两种教学方法的弊端日

益凸显。因此，改变教学方法刻不容缓。

（一）激发学生的学习兴趣

实验数据是检查实验是否成功的一个重要标准，在教学过程中，教师往往过度追求让学生能够得到应有的实验数据，而忽略了实验过程才能够带给学生更多的指导和启发这一事实。在实验课堂上，教师对于实验过程教学的忽视成为学生素质发展中的绊脚石。想要获得正确的实验数据和结果，应当在实验过程教学上多下功夫。

什么样的过程教学才是正确的？正确与否我们不能单纯地从教师身上找结果，而应当将目光放在学生身上。在每个实验开始的第一步，教师都应当引入实验背景、相关物理学家和一些趣事，通过这些激发学生的兴趣。当学生对于实验产生一定兴趣的时候，教师就可以开始引入实验相关的物理原理、设计思想、实验仪器，以及实验方法等知识。相较于直接开门见山地讲解物理原理，这样的递进方式更能被学生所接受。

（二）让学生成为串联线索的主人

一个物理实验往往可能会涉及到多个实验原理，如果教师在课堂上将所有的原理及彼此的对应关系全盘托出，则会让学生失去很多思考的机会。因此，教师应当将串联线索的过程留给学生，在学生遇到难点的时候给予适当点拨。这样不但能够让学生更好地理解知识，还能够让学生更有成就感，对自己更有信心。

（三）将探索的钥匙交给学生

在传统课堂上，一般是教师在介绍实验原理、实验仪器后，直接讲解实验过程，并且针对可能发生的问题或者影响实验结果的因素进行重点强调。学生按部就班地操作，最后得出正确的结果。看似这堂实验课程是非常成功的，实则不然，将所有知识点掰开了、揉碎了教给学生，恰恰是不正确的做法。教师应当在实验开始之前对实验过程中的安全问题进行强调，对一些难点进行点拨，剩下的时间留给学生自行探索，这样才能让学生在动手的过程中发现自己欠缺的地方。教师应当在学生遇到困难的时候给予适当的指导和鼓励，帮助学生解决问题，使学生建立起自信心。

二、大学物理实验教学方法改革

在大学物理实验教学方法改革方面，以增强学生科学素质、提高学生科学思维意识为准则，通过改善授课方式，缩短教师讲解环节和机械式的重复过程，从而提高大学物理实验的教学质量。

（一）预习方式改革

目前，学生的预习方式为撰写预习报告单，包括实验目的、实验仪器、实验原理、实验内容等项目，学生一般通过将学习指导书上的这些内容照抄到报告单上，来完成预习报告。预习报告貌似完美，但学生往往都存在应付心态，对实验原理与实验仪器的操作均不了解，并没有达到真正的预习目的。

这就要求改变预习方式，将学生查阅资料预习变为观看视频资料预习。

实验教师将录制的 40 分钟左右的短视频，上传到学校的网络教学平台，学生可以通过登录平台，观看到每一个实验的视频录像，视频内容包括实验背景介绍、此次实验的目的、实验原理，实验仪器的使用，以及实验现象的演示，最后为实验报告的撰写。

实验背景介绍主要是本次实验的原创者及该实验最初被实现的时间和地点、原创者设计该实验的目的、当时的实验条件及目前该实验的应用发展。通过介绍实验背景，一方面，能激发学生的兴趣，让学生了解物理学家的生平、所做的贡献及规律发现时的状态和心态，知道尚未解决的科学难题，把科学发明对社会发展的推动作用传授给学生。另一方面，让学生懂得任何物理知识的获得都是要经过反复的、精密的实验的。

实验目的一般指通过本次实验能够学习到的相关知识，能够熟练掌握仪器的使用，通过本次实验能够扩展的一些相关知识。

实验原理是教师讲解本次实验中所应用的理论知识，一般都是与大学物理相关的理论，大学物理实验一般是验证性的实验，都是对大学物理理论知识进行验证，在教师讲解的过程中，要充分体现理论与实验相结合，让在学生能够熟练应用实验知识的基础上，对理论知识有更深刻的思考。

实验方案，包括其中的实验步骤、实验结果的处理方法都由学生完成，学生就会主动查阅资料，解决自己的不懂的问题。学生可通过网络平台学习与本次实验相关的知识，这种方式充分实现了预习的目的，并且也能够节省课堂上的操作时间，增加课堂的讨论时间。

（二）课堂教学模式改革

目前，大学物理实验的教学课堂模式为教师教、学生学，教师讲解实验原理与实验步骤、实验仪器的使用、数据处理方法等，学生按照教师的讲解内容应付性地做实验，对于如何得到的数据并不是很关心，课堂内容枯燥无味，学生失去了做实验的兴趣，不在乎学到了什么，更在乎实验成绩，这就完全失去了实验的意义。为改变这一现状，我们要对其进行如下改革。

1. 学生要能够独立设计实验方案

为提高学生的自主学习能力，教师要对实验教学内容进行深入分析，查阅文献资料，制定多种可行的实验方案，以此对学生进行启发式引导。学生能够自己设计实验方案，教师对其加以修改，使得学生能够顺利完成实验。在设计实验方案的这一过程中，学生可以深入思考原创者的设计思想，跟随原创者的思路进行科学问题探讨。

2. 学生独立搭建实验设备，完成整个实验过程

在教师的指导下，学生自己搭建实验装置，了解实验仪器的使用方法、在使用过程中会出现什么问题、注意事项等，并完成实验数据的测量过程、处理数据，进行误差分析、误差概率计算。

3. 讨论实验中出现的问题

实验完成后，进行分组讨论，教师参与其中讨论实验结果，形成讨论概要。同时，能够在实验的基础上，扩展实验内容和实验方法。在讨论的过程中，激发学生积极思考，提高学习的主动性，学会解决问题、探讨与自身观点矛盾的问题，促进学生创造性思维的发展。讨论的要点包括：一是对学生提出的实验方案做出初步的判断，舍弃有明显错误的实验方案及对仪器的使用情况；二是每组确立适当的实验方案讨论，确定正确的方案进行实验；三是在实验结果出现大的错误时，要对实验方案进行讨论改进；四是分析问题出现至解决问题过程中所需要的思想方法，以及实验操作过程中所需要的基本操作方法；五是实验结束后，分析出现极大误差的原因、如何减小误差，以及同样的实验方案还能够测量什么物理量，以拓展实验内容。

（三）成绩考核制度改革

严格的考核制度是保证优良教学质量必不可少的前提条件之一。目前，大学物理成绩考核制度分为实验操作成绩和笔试成绩，比例分配各占50%。为提高学生的实验积极性，改变成绩考核制度，除实验操作和笔试成绩外，另有附加分数，教师可以设置一些

科研题目供学生选择，学生可以在开放的实验室里改进实验装置、重新制作实验装置、设计新的实验内容，以小论文或小制作的形式交给任课教师，可以作为平时成绩考核的一部分。

第四节 大学物理实验信息化教学方法

近年来，随着素质教育的不断深入推进，学校及教师越来越重视对学生的综合实践能力的培养。信息技术发展的不断加快，使得教育领域也越来越重视信息化技术在教学过程中所发挥的重要作用。对于理工科大学生而言，大学物理实验课程是非常重要的实践类课程，对提升学生的实践能力、培养学生的科学素养有着重要意义，可帮助学生提升创新思维能力、理论与实践融合能力。

传统教学模式一般包括课前预习、课堂教学、学生实践操作、汇总实验数据，并由教师进行批阅等环节。近年来，随着社会的不断进步，学生的学习习惯也在逐渐发生改变，传统的教学模式也存在诸多问题，例如，学生对课前预习进行得不够充分，缺乏理论基础作为铺垫，在具体实验过程中缺乏规范化管理等；在课后，师生之间缺乏有效的沟通和交流。这些问题导致大学物理实验教学质量不高，学生的学习兴趣不高。随着信息化技术的应用和普及，通过信息化平台获取知识和信息，已经逐渐成为当代大学生学习的重要方式之一。因此，如何高效利用信息化教学方法提升物理实验教学整体水平，成为摆在一线教师面前的重要课题。

一、大学物理实验教学中存在的一些问题

某校主要通过随机抽取的方式，从 3 000 名学生中抽取 250 名学生进行问卷调查，对传统教学模式中的不同教学实验环节进行数据调研分析，数据结果能够反映出以下几个方面存在的相关问题。

（一）课前预习存在问题

在预习环节，绝大多数学生是在课堂中进行预习的，只有少部分学生理解实验内容和涉及的环节，大多数学生在预习过程中并不能全面理解实验的具体内容和不同环节。此外，缺乏教学设备及相关实验硬件套数，导致学生在预习过程中不能接触到相关实验仪器，学生所接受到的知识不够具体化，也不能很好地将理论与实践结合起来。在具体的预习方式上，大多数学生只是以教材为基础进行内容方面的预习，未将相关网络资源作为预习的辅助。

（二）学习兴趣逐渐降低

在教学过程中，因为课前预习内容的不全面，大多数学生希望在课堂上由教师对实验仪器的具体操作方法进行示范与讲解，这样既会导致学生在未全面理解与掌握实验原理的状况下，不断重复教师的操作环节，占用课堂的教学时间，也会导致学生的学习兴趣逐渐降低，无法有效培养学生的实践能力。在学生获取实验数据时，教师通常凭借自身经验对学生实验数据结果的精准性进行判断，但是当实验数据比较复杂时就很难发现其中的错误，导致教师不能及时给予学生相应的指导和解答。因此，学生只有在充分了解和掌握实验原理、方案，以及相关仪器操作方法的基础上，才能够在实验过程中得心应手，发挥动手能力，从而提升实验教学效率，否则便会导致学生在具体的实验过程中遇到各种各样的问题，无法按时完成教学任务。此外，学生在对实验仪器不了解的情况下操作仪器，也很容易造成仪器的损坏。

（三）课堂时间分配不科学

在物理实验课堂教学过程中，通常是由学生独立自主完成相关的操作任务，教师负责对学生进行指导和解答。因此，教师在课堂中的讲解时间应当控制在合理的范围内。目前，在大多数实验进行前，教师要花 20 分钟左右去讲解实验的原理、具体操作和相关注意事项，主要的教学目的是引导学生逐渐掌握相关实验仪器的具体操作方式，进一步明确实验内容、实验方法和技巧、对于数据的处理等，课堂时间是非常有限的。如果教师讲解时间过长，学生的实验时间就会相应减少，会影响实验教学的效果，所以教师在教学前一定要根据学生的实际情况合理分配时间，才能够更好地完成课堂实验教学的相关任务。

（四）课后复习条件有限

理论课相关知识点能够在资料书或课本上查阅到，且非常详细，学生在认真阅读和学习的情况下便能够全面理解和掌握知识内容。此外，网络上的相关资料信息也非常丰富和全面，学生获取知识比较容易。实验课则不同，大学物理实验应以实验仪器测量数据为基础，并在整理实验报告、得出实验结论之后由教师进行批阅。复习时理论知识可以查阅，但是在看不到仪器的情况下，无法得到实际的实验操作结果。即使部分学生想好好学习，也会因为条件有限而受到限制。

二、信息化是大学物理实验教学的发展趋势

大学物理实验教学信息化就是以计算机、互联网等信息化技术手段带动实验教学和管理的科学化、现代化，以提高实验教学质量和效益的过程；它是将现代信息技术与先进的管理理念相融合，转变大学物理实验教学的方式方法、师生教学互动模式、管理模式、成绩评定模式，重新整合大学实验教学资源，提高实验教学质量、提高大学生科学素质和科研能力的过程。

大学物理实验教学信息化管理的精髓是信息集成，其核心依托计算机数据库及网络平台，数据管理系统把实验教学项目的选择、方案的设计、时间地点的安排、仪器的配置与准备、指导老师的选择、实验报告的撰写与收集、实验成绩的评价等各个环节集成起来，形成师生及管理者共享资源、信息，实行最优化原则，来提高现有实验仪器设备的利用效率，充分发挥教师的能动性和积极性，在尊重大学生自主性的基础上，激发其学习兴趣、发掘其学习潜能，从而使大学物理实验教学取得良好的教育、教学效果。

相对于传统的教学模式，实验教学信息化具有两大特征：一是改变实验教学的传统管理模式，实行立体全方位管理，实现对教师、实验课堂、实验设备、学生全面管理的管理目标，就得对实验教学管理进行深化改革，在现有信息资源共享的基础上，使教师与学生、教师之间、实验教学部门与理论课教学部门之间以及负责实验教学的部门与学校相关部门之间的交流和沟通更直接，从而大大提高管理效率，降低管理成本。二是运用信息技术对实验教学的各个流程和环节（如教师、学生、教学过程、作业批改、成绩评定等）实行有效控制和管理，实现各种要素配置最优化、各个环节紧密结合而达到最合理化，即能实现资源共享，又可以达到实时监控。因此，信息化是当代大学物理实验

教学发展的趋势。

三、大学物理实验信息化教学改革实践策略

（一）加强实验信息化教学体系构建

一方面，在实验信息化教学体系构建的过程中，可以通过教学仪器的数字化、计算机的应用等工作，实现信息化教学体系的构建。在数字化教学仪器应用的过程中，主要包括数字电表、数字示波器等，通过这种教学仪器，能够对实验过程中的相关仪器设备进行数字化的完善，提升教育教学工作的质量和效果。同时，在应用计算机的过程中，计算机技术具有模拟物理实验过程、数据处理等一系列优势，通过构建基于计算机技术的物理实验教学体系，可以帮助学生在物理实验过程模拟的过程中，加强对有效实验数据的采集，更加直观化地了解物理实验现象和原理等，并且计算机技术的应用，也有助于帮助学生对相关数据快捷而又准确地进行处理，充分明确其中的数据关系，减少监测标准的偏差，提升物理实验数据的真实性，降低学生手工计算和作图的麻烦。

另一方面，可以构建大学物理实验网络课程体系的方式，在网络课程建立中，明确大学物理实验信息化教学的开课要求、注意事项、电子教案、模拟实验等目标和规定，进而有助于拓展学习课堂，让学生更好地感受到具有趣味性的物理教学内容。

（二）完善物理实验信息化教学资源

在大学物理实验信息化教学改革期间，需要完善物理实验信息化教学资源，加强对数字化教学资源的应用，进而不断拓展学生的知识内容，通过良好网络课程资源的应用，吸引学生的注意力和学习兴趣。在物理实验信息化教学资源完善的过程中，教师可以通过信息技术，为学生收集物理实验最新的教学资源和教学视频，也可以将互联网中关于物理实验的 PPT 和仿真实验引到课堂教学当中，加深学生对操作过程和相关仪器的有效了解。同时，为强化学生对知识内容的理解，教师也可以通过引入探索类研究实验内容的方式，让学生通过探索新的实验了解其中的物理现象和内容，如多介质法超声波干涉、YAG 激光光谱研究与分析等，从而达到丰富学生的知识面、提升课堂学习效率的目标。另外，在物理实验信息化教学资源完善中，也可以通过传感器应用实验设计等，充分将学生带入到课堂学习当中。

（三）创新物理实验信息化教学方式

在大学物理实验信息化教学中，需要创新物理实验信息化教学方式，通过翻转课堂的教学方式，在课堂教学中先为学生播放与物理实验有关的教育内容，让学生进行知识的预习和巩固，然后通过播放视频和相关课教的方式，为学生示范和演示实验操作过程，提升学生对物理实验过程的认识和了解。并且，在观看相关信息化教学视频时，学生也可以协助教师一起检查实验操作过程，明确教学视频和课件中的相关知识内容，从而增强学生对知识点和学习内容的了解。在教学过程中可以应用案例分析法、合作学习法等，让学生针对某一物理实验进行实践操作，促使学生间相互学习及共同进步。

（四）构建物理实验信息化教学平台

大学物理实验信息化教学，需要加强信息化教学平台的构建，通过互联网的方式，让学生物理实验学习不再受时空和空间的限制。在信息化教学平台中，教师可以将实验原理、实验过程、实验内容通过信息化的网络平台，让学生进行学习。同时，学生在进行物理实验操作的过程中，也可以通过网络平台实现物理实验过程的信息化，而且在网络平台进行物理实验操作，也有助于减少实际物理实验教学的成本，降低学生在物理实验过程中的学习风险，进而促使学生能够通过多种方法了解物理量，可增强物理实验教学的趣味性。

为达到优化课程教学体系，实现大学物理实验信息化教学的改革目标，就必须加强大学物理实验信息化教学体系构建，通过教学平台和多样化的教学方式，实现课堂表现形式的多样性，加深学生对信息化和互动式教学方式的理解，丰富的网络课程资源也有助于将大学物理实验信息化教学改革落实到位。

（五）加大教改力度，实现大学物理实验教学信息化

实现大学物理实验教学信息化是一项较为复杂的系统工程，至少应进行以下几个方面。

第一，实验项目开设选择信息化改革。现代科学技术（物理学更甚）发展日新月异，作为物理学的基础课程——大学物理实验，其内容的选择必须与时俱进，体现现代科技发展变化的时代风貌，反映其时代特征。要开设好大学物理实验项目、确定实验内容（既适合本校学生的实际，又要体现现代科技发展要求），就要充分利用互联网等信息技术，搜集国内外大学物理实验开设的情况，通过网上调查，准确了解、把握本校学生的学习基础等实际情况，确定开设实验项目，并随着情况变化而不断调整，以确保大学物理实

验教学目的的有效贯彻。

第二，实验教学管理的信息化改革。实验教学管理信息化可分为三个层次，最高层次是学校层次，中间层是教学系部层次，最后是实验管理员和任课教师层次。传统意义上的实验教学管理，仅仅集中或注重中间层次，学校很少掌握实验教学的有关数据、信息，对开设了些什么实验项目、是谁主讲的、实验计划和进度如何等很少过问，这往往导致实验项目开设缺少顶层设计与指导，降低该课程教学目的的全局性和前瞻性。传统的实验教学管理也不太重视最低层次的管理，导致管理难以做到具体化和精细化。由于信息技术的进步，可以为实验教学管理实行全面化、三层次协同化提供技术支持，学校可充分利用计算机和互联网等信息技术平台，从宏观上进行设计、指导；系部进行具体规划管理，将学校的意图、指导思想传达给授课教师，并将教师反映的信息数据汇总存档保存，同时向学校有关部门报备；教师与实验管理员合作，收集授课对象——学生的有关信息数据，在此基础上开设具体的、切实可行的实验项目计划，制成电子文档，发送给系部管理者。如此，对实验教学管理既可宏观调控，又能具体、精细到人，甚至到每一节课、每一个实验。

第三，实行教学计划、教学方案、教学内容等与课堂教学相关内容的信息化。实验教学是以学生为主体、教师为主导的双边活动，教学能否取得预期效果（使学生掌握相关知识、发展能力等），其关键在于教师的所作所为。教师的基本能力素养是比较稳定的，难以在短时间内得到很大提高，但课前准备工作（主要包括教学计划、教学方案）方面，可以尽量做得完善完美。将实验教学的内容、教学计划、教学方案进行信息化，能产生两个方面的良好效果：其一，科学合理的教学计划、适用完善教学方案公诸于网上，可供同行学习、参考，提高学习者的教学水平；其二，教学新手或教学水平较差的老师，将其教学计划、教学方案公布于网上，可以得到同行或水平较高者的帮助和指导，再改进自己的计划与方案，快速提高自己的教学能力和水平。

第四，学生课堂学习、实验操作信息化改革。现代教学理论研究指出，现代课堂教学方式正向大众化和个别化方向发展。利用计算机、视频监控和互联网技术，将学生的课堂学习、实验操作实行信息化，教师可以轻松地监控整个课堂或多个课堂（主要是开放性实验）情况，尽可能地实现教学大众化，克服传统实验教学受场地和人数限制的缺点；学生通过计算机和视频设备与指导老师直接对话，接受一对一的个别帮助与指导，实现课堂教学的个别化。

第五，实现实验教学效果评估、考核、总结信息化。评估、考核是检验教学效果的方法手段，对学生实验考核实现信息化，即学生在装备计算机和视频监控设备的实验室完成考试考核，教师既可以得到学生考试的结果如实验报告等，又可以了解、掌握学生实验操作的过程，综合二者的情况，给出的成绩会更加科学合理。同时，利用计算机对试卷进行阅评，可以减少人为因素，使之更客观、高效，使教师从繁重枯燥的阅卷工作中解脱出来。在每个学期或每门实验课程结束后，教师写好总结与心得，将电子文稿存档汇总，既可作为考评依据，又可与同行交流，在提高自己的同事，也能帮助他人。

信息化是大学物理实验教学的发展趋势和方向，是一项富有挑战性的工作，需要我们不断地研究、探索、尝试，不停地总结经验教训才能逐渐走向成熟和完善。

第五节 基于 OBE 的大学物理实验教学方法

随着新经济的兴起和新产业革命的到来，传统教育面临严峻挑战，为主动应对这种挑战，新工科应运而生，自 2017 年 2 月以来，先后形成了"复旦共识""天大行动"和"北京指南"，为新工科建设确定了方向、原则和重点，其目的是输出具有适应新经济发展的卓越能力、满足科技发展的新需求、能支撑企业发展和社会进步的工程科技人才，新工科建设的核心任务为：学科人才的队伍建设、学科领域的学术研究和学科专业的人才培养。新工科建设对高等院校专业建设和人才培养提出了新的要求，更新人才培养理念，转变培养方式，建立人才培养新模式成为新工科建设与发展的关键。近几年，新工科背景下的高等教育改革研究引起了广泛的关注，有大量的相关研究被报道，如新工科培养模式下自动化专业综合实验构建、面向新工科"双一流"建设的工程训练系统性改革、新工科背景下工程训练中心创新人才培养探究、面向新工科的工程训练中心建设与发展等。

成果导向教育（Outcome based education，简称 OBE）也被称为能力导向教育、目标导向教育或需求导向教育，OBE 于 20 世纪 80 年代初由 Spady 等人提出。OBE 教育理念是一种以成果为目标导向，以学生为本，采用逆向思维的方式进行的课程体系的建设理念，是一种先进的教育理念，由需求决定培养目标，从而最大程度上保证了教育目标与结果的一致性，形成"成果导向、以学生为中心、持续改进"三个核心理念。目前，OBE 教育理念已经被广泛应用于国内高等教育改革研究。

OBE 理念与新工科建设在背景、理念和实践多个层面具有内在一致性和实质等效性，利用 OBE 理念有利于提升新工科建设效率，可以快速构建与国际接轨的新工科理论和实践体系，OBE 理念有助于引导和促进新工科建设与教学改革，对保障和提高新工科人才培养质量至关重要。本项目根据新工科对大学物理实验教学的新要求，研究建立一种基于 OBE 的适合于新工科要求的大学物理实验教学方法。

一、大学物理实验教学改革的必要性

（一）重视实验结果，忽视实验过程

传统大学物理实验教学重视实验结果，忽视实验过程，一般包括预习、实验操作、写报告这几个步骤，学生在预习时，通过看实验教材了解实验目的、仪器和原理。上实验课时，教师一般会对实验原理、操作方法进行补充讲解。近几年，多媒体技术也被引入大学物理实验教学中，为学生提供更具体详尽的实验指导，这种教学方法增强了实验的规范性，有助于学生较快完成实验操作及保证结果的正确性，但是学生在实验过程中缺乏思考，只是被动完成，无法体现学生的主动性，限制了学生的主动性和创造性发展，背离了实验教学培养学生分析问题和解决问题能力的目标，不能发挥其培养创新人才的功能。

（二）基于学科导向，忽视专业差异

大学物理实验为基础性实验课程，传统大学物理实验教学是基于知识导向的，实验项目强调物理学科知识体系的系统性和完备性，教学完全由大学物理理论课教师和实验课教师负责，根据大学物理理论课程内容设计大学物理实验项目，不同专业的实验项目基本一致。这种模式背离了 OBE 以需求为导向的教学理念，不同专业学生的知识结构及社会需求等方面有较大差异，和专业相差较大的实验项目对学生的帮助较小，学生容易失去学习兴趣，实验的完成度较差，教学与需求脱节，无法体现实验课的意义。另外，大部分实验内容是以经典理论作为标准的，实验过程仅仅是对经典理论的一次验证或经典实验的重现，虽然很多经典实验的设计巧妙，但与现代技术的发展及实际应用相差较

远，如光学干涉中的迈克尔逊干涉仪、牛顿环实验等，这些实验现象可以从理论上得到清晰的解释，实验仅仅是对经典实验的重复验证，实验方法和现代干涉检测技术相差较大，学生只是被动完成实验，主动性不强，导致教学质量不高。

（三）考核方式单一，忽视能力考核

实验教学目的在于培养学生运用实验方法观察各种现象、研究运动规律的能力，但传统大学物理实验的考核方式仅仅是对实验知识的考核。传统大学物理实验考核方式单一，一般包括平时成绩和考试成绩考核，平时成绩多以学生的实验报告为依据，考试采用笔试或实验操作的形式，这样的考试只能反映学生对实验的熟练程度，难以体现出学生是否善于运用所学知识解决问题的能力，也无法反映学生的创新能力，会导致学生不重视实验过程，只重视实验报告的撰写，只死记硬背实验讲义的内容就可以得到高分。这样的基于实验知识的考核方式，背离了新工科强化能力培养的要求，所以我们提出从实验预习、实验过程、实验结果三部分进行学习效果考核，把实验过程作为整个考核的重点，以实验出勤情况及实验过程中的现实表现作为依据。这种考核方法虽然认识到了实验过程考核的重要性，但是这种方法不具有可行性，目前学生都是对照实验教材进行实验，这种实验方式无法反映学生的能力差别，而且涉及大学物理实验的学生数量较大，老师无法较准确掌握各个学生的实验过程，因此无法对实验过程做出客观的评价。

二、基于 OBE 理念的大学物理实验教学的要求

（一）由需求确定培养目标

OBE 遵循反向设计原则，由需求决定培养目标，由培养目标决定课程体系，最大程度上保证了教育目标与结果和需求的一致性。因此，基于 OBE 理念的大学物理实验教学具有更大的灵活性和优势，其教学过程改变了以往的以教师教学为中心，而是以学生需求为中心，更有利于新工科人才的培养。

由大学物理实验教师、大学物理理论课及不同专业教师参与确定本专业学生大学物理实验的需求，包括专业需求、社会需求、学校定位及学生发展，确定培养目标和培养要求，这是需求导向的关键，也最能体现 OBE 教学理念优越性的重要一环。在培养目标和培养要求形成后，细化形成指标，由大学物理实验老师和大学物理理论课老师建立

课程体系，形成教学要求及教学内容，并实施教学，通过教学考核环节对培养目标和培养要求进行优化完善。

和其他教学模式不同，在本模式中，强化了专业老师的参与决策，这样才能保证实现真正的需求导向，本模式由需求决定培养目标，由培养目标决定课程体系，从而最大程度上保证了培养目标与结果和需求的一致性，基于 OBE 理念的大学物理实验教学具有更大的灵活性和优势，有利于新工科人才的培养。

（二）模块化教学，适应专业差异

大学物理实验为基础性实验课程，是理工农医类专业学生的公共必修课，学生专业差异大，不同专业学生的知识背景不同，对实验项目及掌握程度的要求也不相同，因此不同专业的学生对实验项目的兴趣、需求及目标也应不相同，有的仅仅需要对实验进行概念性了解，有的需要掌握一些基础知识，有的需要进行深层次的学习。需求差异导致不同专业的教学内容存在差异，但是差异化实验教学会大大增加教学成本和工作量，为了兼顾不同专业的差异而不增加实验教学成本和工作量，应对教学内容进行模块化处理，把一个实验分成几个模块，不同专业的学生根据自己的专业需要及自身情况而选择学习内容，实现差异化教学，达到不同的教学目标和要求。

（三）引入研究型实验，强化学生能力培养

实验教学的主要目的是培养学生分析问题及解决问题的能力，但是目前一些大学物理实验退化为学习实验原理和实验操作步骤，学生仅仅是按照实验步骤完成实验操作及实验报告，学生在实验过程中缺乏思考和主动性，这种教学方法完全背离了实验教学的目的和要求，这种定位错误是影响实验教学质量的主要原因。为了强化学生在实验过程中的主动性，必须使实验教学过程具有实际的科学实验研究特性，使实验教学类似一个实际的实验研究过程。根据大学物理实验的特点，将实验内容划分为学习型实验和研究型实验。学习型实验为基础实验，可使学生掌握基本的实验知识和实验技能；研究型实验是在老师的指导下进行的，可使实验教学过程部分还原真实的实验研究过程，使学生体验科学实验研究的魅力，培养研究的态度和精神。

对于研究型实验项目，参照真实的科学实验研究过程安排实验教学，以问题带动学生思考，尽可能地使学生发挥自己的主动性。目前的大学物理实验教材和讲义，主要是对实验原理、实验仪器和实验步骤进行介绍，学生基本上不需要深入思考，只是照着讲

义完成实验操作即可。例如，对于光电效应实验，一般教材的重点是为了让学生了解光电效应和光电管的相关知识，这样的实验完全违背了光电效应实验的目的和意义。参考该经典实验的实际过程来安排教学内容，具体可包括：（1）了解光电管的基本知识及实验背景；（2）观察光电效应；（3）问题1：波动光学为什么无法解释截止频率；（4）问题2：用光量子概念怎样解释光电效应；（5）问题3：用光电效应测量普朗克常数。将以学习为主的传统实验教学改变为以问题为主导的实验过程，以这些核心问题引导学生思考和主动参与。教师指导学生完成（2）部分，而其他部分由学生自己完成。

在实验型实验的教学过程中，教师需要为学生补充大量的预备知识，为了不占用课时，可通过大学物理实验网上交流互动平台，将"线上"教学和"线下"教学进行有机结合，由浅到深对学生的学习进行引导。教师事先将预备知识上传到网络，学生可随时从网上下载资源进行学习，还可以利用QQ、微信等，与同学或教师进行交流互动，便于学生补充与实验相关的知识，随时得到教师的指导。

（四）以虚拟实验进行学生能力考核

考核是实验教学的一个重要环节，是评估教学质量的基础，对促进学生学习具有重要作用。但目前的大学物理实验考核和理论课考核类似，以知识考核为主，这种考核方法只能反映出学生对实验知识的掌握情况及实验结果的准确性，无法体现出学生的解决问题能力及创新能力。基于OBE理念的大学物理实验教学强调解决问题能力和创新能力的训练，在考核中也重点进行学生能力的考核，这与新工科对人才培养的要求相符合，在实施过程中，要通过考核环节，不断对培养目标和培养要求进行优化及完善。

将培养目标分为知识目标和能力目标，知识目标为基本物理实验知识和实验方法，能力目标包括自学能力、分析能力、表达能力、数据处理能力和创新能力等。对知识目标的考核包括平时成绩和笔试成绩，对能力目标的考核相对困难，由于课时和设备的限制，以虚拟实验的方式进行能力目标考核，即让学生针对某一问题自主设计实验方案，根据实验方案的先进性、可行性和完成度进行考核，考核的内容主要是让学生对已有的实验项目进行创新改进。例如，用拉伸法测量弹性模量是传统的大学物理实验之一，经过该实验的学习，学生了解了与测量弹性模量相关的知识，该实验的核心是利用光杠杆法测量微小形变。弹性模量是重要的物理量之一，随着科技的发展，目前已发展出多种新的测量方法，如利用光纤位移传感器、摩尔条纹、霍尔效应和电涡流传感器等，可让学生利用现有技术自己设计一种弹性模量测量方法，形成实验设计方案。和传统的考核方式不同，这种考核方式需要学生自主完成，更能反映出学生的素质和能力。

传统的大学物理实验教学以实验知识的学习为主，弱化了对学生能力的培养，这与新工科强调的能力培养理念相背离。在大学物理实验教学中引入 OBE 理念应包括：（1）由专业需求、社会需求、学校定位及学生发展，确定培养目标和培养要求；（2）实行模块化教学，兼顾不同专业差异；（3）参照真实的科学实验研究过程，建立研究型实验教学，以问题带动学生思考，尽可能地使学生发挥自己的主动性；（4）将培养目标分为知识目标和能力目标，以虚拟实验的方式进行能力目标考核。该教学方法的最大优点是强化了对学生能力的培养，有助于新工科建设及提高学生培养的质量。

第六节 基于物理规律的大学物理实验教学方法

在知识经济时代下，高新型技术人才培养是国家经济乃综合国力发展的重要动力。物理学科作为一门重要的自然学科，高水平的专业人才在各个行业中均发挥着重要作用。在学科发展过程中，物理学科形成了一些重要的思想规律和探索方法，这些规律、方法在大学物理实验教学中的融入是提升学生认知能力、培养学生创造力的重要基础。近年来，基于物理规律探索的大学物理实验教学方法受到了广泛重视，应在理清其理论基础和实践方法的基础上，创新教学模式，为国家培养更多实用型创新人才。

一、大学物理实验教学的理论基础

（一）元认知理论

元认知（metacognition）是个体对自身认知活动的认知，包括当前认知过程、自身认知能力，以及两者相互作用的结果。元认知理论的主要研究内容包括元认知知识、元认知监控和元认知体验。其中，元认知知识是指与认知活动有关的规律和知识，具体包括陈述性知识、程序性知识和条件性知识。元认知监控是指主体对元认知知识的运用过程，即实际认知活动。元认知体验则是在元认知监控中产生的各种情绪，自我效能感较高者会获得较多的积极体验。现代教学中的自主学习能力培养实际上就是元认知能力培养，开展教育教学活动要同时关注学生的认知能力和认知情感发展，帮助学生掌握正确的思维方法，提高其自我效能感。

（二）交往学习理论

交往（communication）学习理论又称为人际学习理论或沟通学习理论，是指学习者在与人沟通、交流、互动的过程中，完成知识获取和能力提升的过程。交往学习需要建立在平等、自由的沟通过程基础之上，双方互相尊重，并在沟通过程中获得启发。良好的沟通往往可以获得意想不到的学习效果，帮助学习者走出思维误区，获得智力的快速发展。在大学学科教学中，交往学习的双方可以是教师与学生，也可以是学生与学生，交往学习方式以小组讨论为主。一般小组规模为4~8人，围绕某个主题展开讨论，人数过多或过少都会阻碍沟通交流的充分进行。此外，在沟通过程中的不合理限制或个别学生的长时间发言，都会影响交往学习的效果。良好的交往学习过程应该是在讨论者提前做好准备的情况下，在讨论过程中有理有据地进行辩护，并在小组内做好责任分工，使讨论过程能够顺利进行。

（三）创新思维培养

创新思维（Innovative thinking）的内涵是创新与突破，即打破现有理论、常规的框架，从不同思维角度出发，采用不同的方法，探索未知领域或刷新已有认知。物理学方面的每一位伟大科学家都具备优秀的创新思维能力，而且具有勇于质疑、勇于批判的精神。大学是培养学生创新思维的关键时期，一个人在大学时期的身心发展已经较为成熟，具备抽象思维和批判思维能力，思维的创造力和辩证性不断提高，为物理实验教学奠定了基础，物理实验也是学生创新思维能力发展的最佳途径。因此，创新思维培养与物理实验教学是两个不可分割的部分，应将对学生的创新思维培养作为课程教学的核心目的，充分发挥两者的相互促进作用。

二、物理规律探索方法

（一）观察实验法

物理学中的方法论是在物理学发展的漫长过程中形成的科学探索方法，主要包括观察实验法、逻辑思维法、数学方法等。其中，观察实验法是物理学研究的基础，大多数物理规律的发现都源于生活观察和实验验证，如牛顿发现万有引力、法拉第发现电磁感应现象等。但多数生活中的物理现象只是表面现象，据此得出结论可能是错误的，需要进行科学实验加以验证，如亚里士多德认为"物体下落速度和重量成比例"，而后伽利略通过比萨斜塔上的两铁球同时落地实验推翻了这一学说。因此，物理学研究是一个观察、实验验证、总结、再观察的循环过程。

（二）逻辑思维法

逻辑思维法是以事实材料为依据，通过归纳演绎、分析综合、推论验证和假说实验发现物理规律的过程。其中，归纳演绎法是基于大量事实依据进行归纳总结，排除次要因素和干扰因素，得到正确的结论；分析综合法是将研究对象进行分解，分别对每个部分进行研究，最后再将各部分研究成果综合起来，完成一个复杂问题的研究，如物理力学中的分解合成方法、物理学微元思想等；推论验证法是先根据已知事实提出一个合理的假设，再通过实验等方法对其进行验证，通常需要以大量实验为基础，如麦克斯韦对法拉第电磁感应定律的进一步研究。假说实验法是针对同一问题提出不同的假说，分别采用不同的方法对其进行论证，排除错误观点，最终得出相对正确的结论。

（三）数学方法

数学方法一直是物理规律探索的重要方法，数学方法对于物理学研究而言，不仅仅是一类计算工具，许多数学思维对物理学研究起到了重要影响，如，物理学中瞬时速度的提出应用到了数学的极值思想、电场强度和磁感应强度的概念设立应用的是数学中的比值定义法。

各种物理规律探索方法的应用，不仅推动了物理学的发展，也为大学物理实验教学提供了基础，基于这些科学探索方法的实验教学流程，可以激发学生的探知兴趣，使学生更容易理解、接受物理学知识，并掌握自主探索的能力。

三、基于物理规律探索的大学物理实验教学策略

(一)教学流程设计

基于上述物理规律探索的大学物理实验教学流程主要包括以下几个环节。

第一,实验前准备。物理实验是验证物理推论、假说的重要方法,由前述物理观察实验方法的分析可知,物理研究是一个从观察到实验验证再到总结的过程。在进行实验前,要让学生充分了解物理实验研究的原因和基础,在生活中观察类似的现象,或通过查阅资料了解相关研究过程。因此,在大学物理实验教学前,应预留出足够的时间,让学生了解实验研究背景、搜集相关资料,这是培养学生物理实验学习兴趣的关键。教师应提前两周布置实验任务,并以预习报告的形式检验学生的预习成果,让学生自主设计实验方案。在此过程中,学生可以充分了解实验目的、实验内容,以及实验所必需的知识,并通过充分的实验前准备,为实验探究效率提供保障。

第二,讨论前准备。基于交往学习理论,为确保学生在物理实验方面的讨论效果,在进行小组讨论前,应做好充分准备,让学生明确开展讨论的原因和必要性。学生在准备过程中应充分了解实验涉及的物理规律,根据课前搜集的资料和生活观察,提出合理推论,对实验涉及到的物理量之间的关系进行科学分析,确定实验方法和操作流程。在小组讨论前,教师与学生应做好沟通交流,对其小组探究方向加以引导,共同分析完成实验探究的关键要素。在此基础上确定实验方案,并对实验中的难点进行预估,围绕这些难点展开充分讨论。

第三,实验与探究过程。在物理实验课堂教学过程中,主要以小组实验和讨论的形式开展,在小组讨论的基础上,还可以进行组间交流和全班讨论。在讨论过程中,应做到全员参与,激发学生的主动性,用于提出自身观点,并通过有理有据的分析辩论解决矛盾问题,获得统一的认知。因此,实验与探究过程应该是一个问题驱动过程,教师在学生的实验探究中应发挥引导作用,引导学生发现知识、探索知识、解决问题。

第四,归纳总结,得出物理规律。经过上述准备和实验过程,学生充分对各种观点进行分析和验证,最后进行归纳总结,得到一般数学规律,并对其进行进一步提炼和总结,得出物理规律。由于学生物理基础的差异性及物理探究能力的局限性,教师应充分参与到学生的实验分析总结过程中,引导学生反思实验过程,排除干扰因素,最终得出正确结论,完成实验教学目标。

（二）教学方法选择比对

基于目前大学物理实验教学的现状，可以将物理实验教学方法分为三大类，具体包括如下。

第一，传统教学方法。传统教学方法泛指以教师说明、演示实验、学生模仿实验、教师总结为主的传统物理实验教学模式。在该教学模式下，问题的提出、解决方法选择，以及最后的物理规律总结都以教师为主，学生的实验过程主要是模仿教师的演示实验，问题讨论和实验方法限制性较强，不利于学生的创新思维发展。对于传统教学模式的多种弊端，教育专家和一线教师都在寻求教学方法的创新，以期改变以往的教学模式。

第二，探究式教学方法。该方法是在新课改的要求下逐渐流行起来的以学生为本的教学方法，经过多年的研究与实践，教学方法体系已较为成熟。该方法以培养学生的自主学习能力和实践探索能力为主要目的，通过布置探究性学习任务，以小组探究方式开展探究活动，有利于发挥学生的主体作用。但就物理实验教学而言，探究学习方法的内容过于宽泛，缺少对物理思想的关注，由于学生的物理基础参差不齐，多数小组的实际探究效果不够理想。

第三，基于物理规律探索的教学方法。目前，该方法在大学物理实验教学中应用较少，但从上述教学理论基础分析及方法流程分析可以看出，该方法是一种适用于大学物理实验教学的科学教学方法，相较于前两种方法教学针对性更强，更有利于培养学生的物理思维和自主探究能力。

（三）教学案例分析

以牛顿第二定律探究实验为例，基于牛顿发现物理规律的过程进行实验方案设计，主要实验仪器为气垫导轨，在实验准备阶段，由学生自主上网或通过图书馆查阅相关资料，了解牛顿生平贡献及发现牛顿第二定律的过程。

具体的实验过程如下。

第一，问题提出。探索加速度 a、合外力 F，以及质量 m 之间的关系，通过实验设计研究总结物理规律。

第二，预习情况检查。教师以随机抽样的方式，对学生进行提问，了解学生在实验前的准备情况。

第三，小组探究问题的确定。探究的主要问题包括：（1）如何使用给定仪器设计实验，完成实验任务；（2）气垫导轨和计数器的使用方法；（3）如何应用控制变量法；

（4）合外力如何产生；（5）加速度如何测量，采用直接测量法还是间接测量法；（6）实验过程中对摩擦力的处理；（7）实验数据处理方法。

第四，问题解决过程。通过课前准备，排除明显的错误认知和不可能实现的实验方案，合理设计实验过程。通过查阅教材和相关说明，了解仪器使用方法。采用控制变量法将多因素探究问题转化为多个单因素探究问题的研究，每次只改变一个变量，最后通过综合分析方法得出实验结论。在牛顿第二定律研究过程中，可以在合外力 F 一定时，探究加速度 a 与质量 m 的关系，在质量 m 一定时，对合外力 F 与加速度 a 的关系进行研究。其中的关键是合外力 F 的控制，通过斜面问题启发学生思维，利用现有给定仪器创造合外力 F 的控制条件。具体方法为，将气垫导轨调水平后，在一端垫一块高度为 h 的垫块，使导轨形成与水平面成 α 的夹角，以此控制合外力 F 的大小。在此基础上，使用测量仪器测量加速度 a，采用自拟表格进行数据记录，绘制图像，从图像中总结物理规律，并对误差进行分析和改进。最终得出两点结论：（1）质量 m 一定时，加速度 a 与合外力 F 成正比；（2）当合外力 F 一定时，加速度 a 与质量 m 成反比。

综上所述，基于物理规律探索的物理实验教学方法更适用于大学物理实验教学，有利于培养学生的物理思维，提高学生的自主学习能力。通过学习方法的理论基础和主要物理规律探索方法进行研究，可以为大学物理实验教学提供新的思路，弥补以往教学模式的不足，采用科学教学方法激发学生的学习兴趣和创新意识。在此基础上，通过合理设计实验过程和理论学习过程，可以充分发挥学生的主观能动性，主动探究物理规律的形成过程和理论依据，从而对物理知识产生更加深刻的理解和认识。

第五章 大学物理实验教学策略

第一节 物理实验教学策略及其制定

一、实验教学策略的概念

要探讨实验教学策略，首先必须正确理解实验教学策略的范畴和含义。"实验教学策略是实验教学设计的有机组成部分，是在特定实验教学情境中为实现实验教学目标和适应学生学习的需要，而采取的实验教学行为方式或实验教学活动方式"。这个表述包含了三层意思：（1）实验教学策略从属于实验教学设计，确定或选择实验教学策略是实验教学设计的任务之一；（2）实验教学策略的制定以特定的实验教学目标和实验教学对象为依据；（3）实验教学策略既有观念驱动功能，还有实践操作功能，是将实验教学思想或模式转化为实验教学行为的桥梁。要正确把握实验教学策略的概念，还要弄清实验教学策略与实验教学设计、实验教学方法等相关概念的区别与联系。

（一）实验教学策略与实验教学设计

加涅把实验教学设计分为鉴别实验教学目标、进行任务分析、鉴别起始行为特征、建立课程标准、提出实验教学策略、创设和选择实验教学材料、执行形成性和总结性评价等几大部分。由此可见，实验教学设计与实验教学策略是整体与部分的关系。实验教学设计的内容是实验教学目标的整体性实施方案，实验教学策略仅为其中的一个组成部分。实验教学策略主要涉及实验教学中教师怎样教的问题，如课堂实验教学组织、实施、管理等方面的活动方式或行为方针。

（二）实验教学策略与实验教学方法

实验教学方法是为完成实验教学任务而采取的方法，它包括教师教的方法和学生学的方法，是教师引导学生掌握知识技能、获得身心发展而共同活动的方法。要有效地完成实验教学任务，必须正确选择和运用实验教学方法。实验教学策略不仅包括对实验教学方法的选择，还包括对实验教学组织形式、实验教学媒体的选择等内容，并且在具体实验教学方法的组合上也存在着策略问题。

（三）实验教学策略与实验教学观念的关系

实验教学观念是一个比较宽泛的概念，如学生观、教师观、人才观等。而实验教学策略是在一种或多种实验教学观念或理论的指导下确定和提出的，它本身的选择或制定受到实验教学观念或实验教学理论的制约，是实验教学观念或理论的具体化。实验教学策略具有更强的操作性，对教师行为有更具体的指导性。

二、实验教学策略的特点

（一）实验教学策略的指向性

实验教学策略是为实际的实验教学服务的，是为了达到一定的实验教学目标和实验教学效果而做的工作。目标是整个实验教学过程的出发点，实验教学策略的选择行为当然也不是主观随意的，而是指向一定目标的。任何实验教学策略都指向特定的问题情境、特定的实验教学内容、特定的实验教学目标，规定着师生的实验教学行为。放之四海而皆准的实验教学策略是不存在的。只有在具体的条件下，在特定的范畴中，实验教学策略才能发挥出它的价值。当完成了既定的任务，解决了想解决的问题后，一种策略就达到了应用的目的。当遇到新的问题、新的学习任务与内容时，又将采取新的实验教学策略。

（二）实验教学策略的整合性

实验教学过程是一个彼此间相互联系、相互作用的整体，其中的任何子过程都会牵涉到其他过程。因此，在选择和制定实验教学策略时，必须统观实验教学的全过程，综合考虑其中的各要素，在此基础上对实验教学进程和师生相互作用方式进行全面的安排，并能在实施过程中及时地反馈、调整。也就是说，实验教学策略不是某一单方面的实验教学谋划或措施，而是某一范畴内具体实验教学方式、措施等的优化组合、合理构建与和谐协同。

（三）实验教学策略的可操作性

任何实验教学策略都是针对实验教学目标的每一具体要求而制定的，具有与之相对应的方法、技术和实施程序，它要转化为教师与学生的具体行动，这就要求实验教学策略必须是可操作的。没有可操作性的实验教学策略是没有实际价值的。从这个角度来说，实验教学策略就是达到实验教学目标的具体的实施计划或实施方案，并且可以转化为教师的外部动作，最终通过外部动作来达到实验教学目标。

（四）实验教学策略的灵活性

实验教学策略不是万能的，不存在能适应任何情况的实验教学策略。同时，实验教学策略与实验教学问题之间的关系也不是绝对的对应关系，同一策略可以解决不同的问题，不同的策略也可以解决相同的问题，这说明实验教学策略具有灵活性。实验教学策略的灵活性还表现在实验教学策略的运用要随着问题情境、目标、内容和实验教学对象的变化而变化。在实验教学中，不同的实验教学策略面对同一学习群体，会产生不同的效果，即便是采用相同的实验教学策略教授同样的内容，对不同的学习群体也会产生不同的实验教学效果。

（五）实验教学策略的调控性

实验教学活动过程由于有元认知的参与，实验教学策略因而具有调控的特性。元认知表现为主体能够根据活动的要求，选择适当的解决问题的方法，监控认知活动的进程，不断取得和分析反馈信息，及时调控自己的认知过程，修正和改善解决问题的方法和手段。实验教学活动的元认知就是教师对自身的实验教学活动的自觉意识和自觉调节，教师能够根据对实验教学的进程及其各种要素的认识反思，及时把握实验教学过程中的各种信息，及时反馈和调整实验教学的进程及师生相互作用的方式，推进实验教学的展开，向实验教学目标迈进。

三、实验教学策略的类型

自实验教学策略概念提出以来，关于实验教学策略类型的划分，也成为人们研究的重要内容。这里主要介绍内容型策略、形式型策略、方法型策略和综合型策略四种教学策略。

（一）内容型策略

内容型策略主要是指根据实验教学内容的难易程度和内在的逻辑结构安排实验教学活动的策略。有人基于同化学习理论，认为实验教学应根据其内容采用序列化策略，首先呈现先行组织者，紧接着呈现更详细、更具体的相关概念。有人将实验教学内容划分为不同层次，按照从简单到复杂、从部分到整体的顺序进行实验教学。也有人通过对知识结构的分析和对认知过程与学习理论的理解来设计实验教学策略等。

（二）形式型策略

形式型策略是以实验教学组织形式为中心的策略。有人以集体实验教学形式、个别学习形式和小组实验教学形式为中心安排实验教学环节，也有人用以实验教学为中心的策略和以学生为中心的策略来组织实验教学，还有人则以时间、学习者、任务为中心的策略来组织实验教学等。

（三）方法型策略

方法型策略是以实验教学技术和方法为中心的策略。实验教学方法分类目前还没有统一的标准。有人根据实验教学步骤而提出讲解策略（包括呈现信息、检查、提供机会、应用）和经验策略（提供表现行为的机会、检查对因果关系的理解度、提问检查对原理的理解度、应用），利用两种主要实验教学策略之间产生的许多变式，进一步构建其总体策略。也有人认为，学习内容的呈现方式主要是讲解和探究，利用呈现方式与呈现要素（定义、程序、原理式的具体例子）匹配，再衍生出多种实验教学传递方法。

（四）综合型策略

综合型策略主要是以实验教学任务的类型为中心实施实验教学的策略。例如，围绕实验教学任务，规定针对不同的学习目标采取不同的实验教学措施，包括讲解策略、练习性策略、问题定向性策略和综合能动性策略。讲解策略是提供讲述性知识在学习环境中的各种实验教学变量，如名称、定义、例子等；练习性策略是提供以前未遇到过的问题情境，详细说明基本信息、形式、问题数量，提供统一的建议指导，进行错误分析，做出总结；问题定向性策略是提供该领域专门的问题情境；综合能动策略是提供学习者积极运用其知识库的情境，发展高层次的思维能力。实验教学策略还有很多种类型，可以根据各自的实际情况进行选择，甚至是再创造。学生的起始状态决定着实验教学的起点，实验教学策略的灵活运用便于问题的解决。

四、实验教学策略的影响因素及制定依据

实验教学策略是复杂多样的，影响因素比较多，都关系到它的有效性。一般来说，能实现实验教学目标的实验教学策略是有效的，有效的实验教学要求能促进学习者的学习积极性。因此，有效实验教学策略制定或选择的基本依据包括实验教学目标、实验教学对象、实验教学者等方面的因素。

（一）根据实验教学目标制定或选择实验教学策略

不同的实验教学目标与实验教学任务，需要不同的实验教学策略去完成，如知识掌握的策略、技能形成的策略、激发动机的策略、行为矫正的策略等，显然是针对不同的目标和任务的。不同学科性质的实验教学内容，也应采用不同的实验教学策略，而某一学科中不同的实验教学内容，也应采用与之相适应的实验教学策略。例如，同样是物理课程，如果目标是掌握基本的原理，提高对物理学习的兴趣，那么在进行实验教学策略制定的时候，就应该考虑那些与日常生活紧密联系的材料，注重趣味性和实用性；而如果目标是培养对物理有天赋的学生，鼓励他们自己进行研究，发现原理，激起探究欲望，那么在实验教学中就应该多鼓励他们动手操作，给他们提供有一定难度的材料，满足他们的求知欲。

（二）学习者初始状态是制定或选择实验教学策略的基础

教师的教是为了学生的学，实验教学策略要适应学生的基础条件和个性特征。对学

生学习主体作用的重视，也是现代实验教学观的基本特征之一。学生的初始状态主要指学习者现有的知识和技能水平、学习风格、心理发展水平等。实践表明，如果仅根据实验教学目标制定实验教学策略，无视学习者的初始状态，那么制定或选择的实验教学策略就会因缺乏针对性而失效。因为学习者的初始状态决定着实验教学的起点，实验教学策略的制定或选择必须以此为起点进行具体分析。所以，制定或选择实验教学策略要考虑学生对某种策略在智力、能力、学习态度、班级学习氛围等方面的准备水平，要能调动学生的学习兴趣和态度。现代教育心理学理论认为，实验教学应在学习者的最近发展区开始，才能达到最佳的实验教学效果。学习者的最近发展区与其学习的初始状态有密切的联系。如果说对实验教学目标的分析是制定或选择实验教学策略的前提，那么对学习者初始状态的分析则是制定有效实验教学策略的基础。例如，自学辅导实验教学策略和探究研讨实验教学策略，要求学生要有一定的知识基础，并掌握初步的自学方法和思维方法。

（三）教师自身特征是制约实验教学策略制定或选择的条件

实验教学策略的运用是要通过教师来实现的，每个教师在制定或选择实验教学策略时都要考虑自身的学识、能力、性格及身体等方面条件，尽量扬长避短，选择最能表现自己才华、施展自己聪明才智的实验教学策略。

教师的知识经验是影响实验教学策略制定或选择的重要因素。知识经验丰富的教师，能够根据各种具体实验教学策略的适宜环境及学习者的需要，制定或选择相应的实验教学策略。此外，教师的实验教学风格、心理素质等也在一定程度上制约有效实验教学策略的制定或选择。因此，在制定或选择实验教学策略时，不仅应重视目标和学生初始状态的分析，还应充分发挥教师自身特征中的积极因素的作用。同时，教师应有意识地克服自身的消极因素。要达到有效的实验教学水平，教师还要对实验教学方法的理论基础有清晰的认知，进行不断的实验教学经验反思。

要真正提高实验教学效果，教师必须在实验教学中实现实验教学内容与个性的有机结合，对于他人实验教学策略的借鉴不能只是简单地效仿，如让一个性格开朗的教师去效仿和设计适合性格内向的教师的实验教学策略，结果很可能会适得其反。

（四）实验教学环境影响实验教学策略的制定或选择

实验教学环境是实验教学活动赖以进行的重要因素，它由学校内部有形的物质环境和无形的心理环境两部分构成。从表面上看，实验教学环境只处于实验教学活动的周围，是相对静止的，但实质上它却以自己特有的影响力参与实验教学与学习过程，并系统地影响活动的效果。在科学技术迅猛发展的今天，学校实验教学环境正变得日趋复杂和多样化，因而对实验教学策略的制定或选择的影响也日益突出。

（五）实验教学内容影响有效实验教学策略的选取

一般来说，对于不同学科性质的教材内容，应采用不同的实验教学策略，而某一学科中的具体的实验教学，又要求采用与之相适应的实验教学策略。某种实验教学策略对于某种学科或某一课题是有效的，但对另一课题或另一种形式的实验教学，可能就不会产生满意的效果，甚至完全是无用的。

第二节 物理实验教学方法与组织形式选择优化策略

实验教学方法的选择与优化是实验教学策略中最重要的部分。实验教学方法的设计是影响实验教学成败、决定实验教学目标能否实现的一个关键因素。实验教学方法之所以重要，是因为它是引导和调节实验教学活动的重要的手段之一，它在实验教学目标的达成与实验教学内容的完成之间起着中介、联结的作用。

一、实验教学方法及其类型

实验教学方法是教师和学生为了达到预期的实验教学目标，在实验教学理论与学习理论的指导下，借助适当的实验教学手段（工具、媒体或设备）而进行的交互活动的总和。常见的实验教学方法有以下几种。

（一）以语言传递信息为主的方法

在实验教学过程中，以语言传递信息为主的方法主要有讲授法、谈话法、讨论法和读书指导法。讲授法是物理实验教学最基本、最常用的方法，其最大特点是能够在较少的时间内容纳较多的信息，实验教学效率高。另外，教师的讲授具有解释、分析和论证的功能，因此在物理实验教学中，不仅在传授新课，而且在其他课型中也广为使用。谈话法的基本方式是：教师按实验教学要求叙述有关事实，向学生提出问题请学生回答，引导学生对有关事实或问题进行分析，为提出的问题找出答案。由于谈话法让学生直接参与了实验教学过程，因此有助于激活学生的思维，调动学生的学习积极性，培养学生独立思考和语言表达的能力。讨论法最大的优点在于能活跃学生的思想，有利于调动学生学习的积极性和主动性，激发学生的兴趣，加深对问题的理解。通过讨论甚至辩论，达到明辨是非、深化认识、发展能力的目的。读书指导法是教师指导学生通过阅读教科书和课外读物（包括参考书）获得知识、养成良好读书习惯的实验教学方法。读书指导法不仅是学生通过阅读获得知识的方法，也是培养学生自主学习能力的重要方法。

（二）以直接感知为主的方法

以直接感知为主的方法，是指教师通过对实物或直观教具的演示，以及组织实验教学、参观等，使学生利用各种感官直接感知客观事物或现象而获得知识的方法。这类方法的特点是具有形象性、直观性、具体性和真实性。以直接感知为主的方法包括直观法和参观法。直观法是物理实验教学中最常用的一种方法，主要包括对演示实验、模型及现代化实验教学手段，如影像的观察等的感知方法。直观法对于为学生提供学习物理概念和规律必需的感性材料，创设物理情景，激发学生兴趣，培养学生的观察和思维能力，对学生进行物理学思维方法教育都具有极为重要的意义。参观法是教师根据实验教学任务的要求，组织学生到工厂、农村、展览馆、自然界、社区和其他社会场所，通过对实际事物和现象的观察或研究而获得知识的方法。参观是以大自然、社会作为活教材，打破课堂和教科书的束缚，使实验教学与实际生产、生活密切地联系起来，扩大学生的视野，使学生在接触社会中受到教育。

（三）以实际训练为主的方法

以实际训练为主的实验教学方法，是通过练习、实验、实习等实践活动，使学生巩固和完善知识技能、技巧的方法。在实验教学过程中，以实际训练为主的方法，包括练习法、实验法、边讲边实验法。练习法是指在教师指导下巩固知识、运用知识、形成技能和技巧的方法。练习法的特点是技能技巧的形成以一定的知识为基础，练习具有重复性。在实验教学中，练习法被物理学和其他学科实验教学广泛地采用。

实验是物理实验教学的特点之一，实验法也就成为物理实验教学的重要方法。应用实验法，不仅可以使学生加深对概念、规律、原理、现象等知识的理解，有利于培养他们的探索研究和创造精神，以及严谨的科学态度，而且更有利于学生主体地位的发挥。但目前学生实验教学的现状却不乐观，除了仪器设备的问题外，"重结论，轻过程"的现象严重存在，导致学生只注意实验结果，至于实验的设计思想、实验过程所体现的科学方法等则没有予以充分的重视。另外，由于实验课指导难度较大，造成实验课秩序混乱，难以完成实验教学任务的情况时有发生。

（四）以引导探究为主的方法

以引导探究为主的实验教学方法是指教师组织和引导学生通过独立的探究和研究活动而获得知识的方法，其主要方法是发现法、启发式。发现法又称探究法、研究法，是指学生学习概念和原理时，教师只给他们一些事例和问题，让学生自己通过阅读、观察、实验、思考、讨论和听讲等途径去独立探究，自行发现并掌握相应的原理和结论的一种方法。它的指导思想是在教师的指导下，以学生为主体，让学生自觉地、主动地探索，掌握认识和解决问题的方法与步骤，研究客观事物的属性，发现事物发展的起因和事物内部的联系，从中找出规律，形成自己的概念。发现法的基本过程是：（1）创设问题情境，向学生提出要解决或研究的课题；（2）学生利用有关材料，对提出的问题做出各种不同的假设和答案；（3）从理论和实践上检验假设，学生中如有不同观点，可以展开辩论；（4）对结论做出补充、修改和总结。

二、物理实验教学方法的选择策略

上述介绍的几种实验教学方法是教师在实验教学中最常用到的一部分。古今中外积累的实验教学方法是十分丰富的，随着实验教学改革的不断深入，又会有许多新的有效的方法产生。在实际实验教学中，教师能否正确选择实验教学方法，成为影响实验教学效果的关键因素之一。教师只有按照一定的实验教学依据，综合考虑实验教学的各种有关因素，选取适当的实验教学方法，并能合理地加以组合运用，才能使实验教学效果达到优化。实验教学方法的选用必须以实验教学目标为中心，综合考虑各种因素的制约，选择的主要依据如下。

（一）围绕目标来选择实验教学方法

现代实验教学论认为，根据不同的实验教学目标选用不同的实验教学方法是走向实验教学最优化的重要一步。因此，围绕目标的实现来选择方法是一条重要的原则。根据实验教学目标来选择方法，要考虑以下几个方面。

1.特定的目标往往要用特定的方法去实现

不同的实验教学目标和任务，需要不同的实验教学方法来实现和完成。例如，对于认知领域的实验教学目标而言，要求达到识记、了解层次的目标，可选用讲授法、介绍法和阅读法等；要求达到理解、领会层次的目标，可选用讲授法、探究法和启发式谈话法等；要求达到应用层次的目标，则应选用练习法、迁移法和讲评法等；而对于高层次的目标如分析、综合、评价，则应选用比较法、系统整理法、解决问题法和讨论法等。

2.各种实验教学方法有机结合发挥最佳功效

在大学物理实验教学中，由于实验教学目标的多层次性与实验教学环节的多样性等特点，必然要求实验教学方法多样，特定的方法往往只能有效地实现某一个目标或某类目标，完成某一个或某几个环节的任务，要保证实验教学目标的全面实现，实验教学中往往要求选用几种方法，并把它们有机结合起来。

3.扬长避短地选用各种方法

每一种实验教学方法都有其优势和不足。例如讲授法，它可使学生在较短的时间内获得大量的知识，便于教师主导作用的发挥，而且在其他实验教学方法的运用中，它又是不可缺少的辅助方法，但这种方法容易造成满堂灌的实验教学现象，不利于学生主动性、独立性和创造性的发挥。又如探索法，其优势在于容易激发学生学习的兴趣和动机，培养学生独立分析问题、解决实际问题的能力，发展学生创造性思维品质和积极进取的精神，然而应用这种方法往往耗费的时间长，需要的材料多。因此，教师必须认真分析各种实验教学方法，扬长避短。

（二）根据实验教学实际选择教学方法

选择实验教学方法时，必须考虑具体实验教学内容的特点。例如，物理理论实验教学应选择以讲授法为主的方法，习题课、复习课的实验教学宜选择以讨论法为主的方法，实验教学宜采用以探究发现法为主的实验教学方法。教师在实验教学实践中，应根据实际情况综合选择应用实验教学方法。

（三）以教师自身特点选择实验教学方法

任何一种实验教学方法，只有适应教师自身的条件、能被教师理解和驾驭，才能更好地发挥作用，取得较好的实验教学效果。因此，教师在选择具体的实验教学方法时，应将自己的特长和优势纳入考虑范围，选择适合自身条件的实验教学方法。例如，有的教师语言表达能力较好，能用生动、简洁、有趣的语言吸引学生，就可适当多采用以语言为主的方法；有的教师善于制作、运用直观教具，可以充分发挥自己的想象力，多做一些教具，并结合采用观察、演示、示范的方法；擅长多媒体的教师，可以通过使用实验教学软件，将现代化实验教学手段引入到实验教学中。

（四）教学方法要符合学生年龄特征和知识基础

实验教学活动的效果最终要体现在学生学习的效果上。因此，在选择实验教学方法时，教师必须考虑学生的自身情况，只有符合学生的年龄特征、兴趣、需要和学习基础的实验教学方法，才能真正达到实验教学的效果。不同年龄阶段学生的思维发展水平不同，实验教学方法的选用如果超出了学生的思维发展水平，就极可能达不到应有的实验教学效果。如果学生的认知结构中包含与新知识相关联的若干观念或概念，教师就可以采用启发式的谈话法。

三、物理实验教学组织形式策略

实验教学组织形式是指为完成特定的实验教学任务，教师和学生按照一定的要求组合起来进行活动的结构。它是实验教学活动的结构特征，也是实验教学活动各要素展开运行的外部形式。根据我国现阶段实验教学改革的实际情况，实验教学组织形式可分为集体讲授、小组活动和个别化实验教学三种形式。不同的实验教学组织形式对实验教学活动能产生不同的影响，所以实验教学设计者需要了解各种组织形式的特点。

（一）集体讲授

集体讲授简称"班级实验教学"，是实验教学的基本组织形式。将学生按大致相同的年龄和知识程度编成班级，教师按照各门学科实验教学大纲规定的内容和固定的实验教学时间表进行实验教学。集体讲授是现阶段我国课堂实验教学常用的实验教学组织形式，这种形式能有效利用时间和空间传递知识，教师能够有效调控课堂。

（二）小组活动

小组活动是现代课堂倡导的实验教学组织形式。在实验教学时将班级分成若干个小组，让学生在小群体内通过交流来学习。小组内每个成员都能参与学习活动，从而能提高每个人的学习积极性，培养学生的团队合作精神。小组活动的方式有讨论、案例研究、角色扮演等。

（三）个别化实验教学

所谓个别化实验教学，是为满足每个学生的需要、兴趣和能力而设计的一种实验教学组织形式。现代学习理论认为：学习主要是一种内部操作，必须由学生自己来完成；当学生按照自己的进度学习，积极主动完成课题并体验到成功的快乐，就能获得最大的学习成果。认知领域和动作技能领域的大多数层次的学习目标，如学习事实信息，掌握和应用信息、概念和原理，形成动作技能和培养解决问题的能力等，都可以通过这种形式来达到。当前，个别化实验教学主要在远程教育中（个别收视、收听广播电视实验教学）使用。随着计算机网络覆盖范围的迅速扩大，基于网络的远程教育将得到迅速发展，成为真正意义上的个别化学习。

第三节　物理实验教学媒体的选择及其运用

实验教学离不开信息的传输和交流，而实验教学信息传输的数量和质量取决于传播实验教学信息的载体。对实验教学进行设计时，不仅要考虑实验教学的过程、实验教学的方法等，还要考虑如何有效利用信息交流的媒体，即"实验教学媒体"。在实验教学过程中，教师运用媒体把实验教学内容的信息传输给学生，学生则通过媒体接受实验教学内容的信息。随着信息技术的发展，实验教学媒体在实验教学中的作用日益凸显。

一、实验教学媒体的类型及特点

实验教学媒体有许多类型。按照功能、特性或其他参数的不同，实验教学媒体可以从不同的角度进行分类。例如，从传递信息的通道，即接受信息的感官看，可分为单通道知觉媒体和多通道知觉媒体；从传递信息的范围看，它可分为远距离传播媒体、课堂传播媒体和个别化传播媒体。我国学者邵瑞珍依据实验教学传媒所作用的感官通道，把实验教学传播媒体分为非投影类视觉辅助、投影类视觉辅助、听觉辅助、动态辅助、多媒体辅助等。

（一）非投影类视觉辅助媒体

这类实验教学媒体包括实物、模型、图表资料，以及用于视觉呈现的设施——黑板，及其改进后的呈现板（如磁力板、多目的板）。黑板是讲授式实验教学中最常使用的媒体。在授课过程中，它可以用于支持语言交流活动，非常适合用于描述实验教学的内容，但它最大的缺点就是需要使用者花费大量的时间去书写，且当教师背对学生书写时，无法看到学生对板书内容的反应，影响实验教学效果。

实物能够将要学习的东西活生生地呈现在学生面前，帮助学生理解，加深学生的印象，但有时获得实物媒体需要花费很大的代价，且有时实物也不能提供对事物本质的认识。

模型是实物的一种三维代表物，它可以比实物大、比实物小、与实物一样大。能够表现实物的一定特性，还可以根据需要突出实物的某些性质，使学习者获得对实物内在本质的更加深刻的认识。

图表资料是一种经过特殊设计的二维的非照片类的实验教学媒体，它的特点是可以将所要传达的信息及其相互关系以简明扼要的方式呈现出来，有助于学习者把握结构，加深理解，增进记忆。

（二）投影类视觉辅助媒体

这类实验教学媒体主要包括投影器和各类幻灯机，是通过光和各种放大设备将信息投射到一个平面上，便于学习者观察学习的实验教学辅助设施，主要包括投影器、幻灯机等，在目前的课堂实验教学中已很少用到。

（三）听觉辅助媒体

这类实验教学媒体主要有录音机、收音机、激光唱片等，其中最主要的是录音机。录音机可以贮存和重放听觉材料，为实验教学提供必要的说明和支持。

（四）动态辅助媒体

这类实验教学媒体主要包括录像、电影、电视等。这类媒体在实验教学活动中的优越性为：擅长描述动态概念（如匀速直线运动）和操作过程（如物理实验操作过程）；可以为学生观察无法直接观察的动态的宏观和微观现象（如天体运动、核反应）或危险性较大的活动（如地震、战争）提供便利；其图像和声音资料可以反复播放，从而为学生动作技能的学习提供反复观察、模仿、练习的机会；还能够通过真实的剧情使学习者获得对历史、文化的理解，以及情感上的教育。但是这类媒体在实验教学中使用最大的障碍是制作技术较难，花费较大，因而使用范围有限。

（五）多媒体辅助系统

多媒体辅助系统是各种媒体结合起来使用、综合两个以上媒体而形成的实验教学辅助设备。它既可能是由传统的视听媒体组成的多媒体装备，也可以是综合了文本、图像、声音、录像等的电脑多媒体系统。电脑多媒体系统除了可以为学习者提供丰富的视听系统外，还可以为学习者提供更好的个人控制学习系统，使学习过程变得富有个性，在实现实验教学活动个性化、民主化方面拥有明显的优势。它的不足之处是软硬件花费较大，这在很大程度上阻碍了它在实验教学中的使用。

二、实验教学媒体的选择与运用

（一）影响实验教学媒体选择的因素

由于实验教学任务和目标的多样性、实验教学过程和对象的复杂性，以及实验教学环境和条件的局限性，选择何种实验教学传媒受到种种因素的制约。一般说来，实验教学媒体的选择主要受到以下几种因素的影响。

1.实验教学任务方面的因素

选择什么样的实验教学媒体来传递经验，首先取决于实验教学内容的特点，即所要传递的经验本身的性质。如果要传递的是感性的具体经验，则必须在非言语系统中选择适用的媒体，如演示实验、多媒体辅助系统；如果传递的是一种理性的抽象经验，则除了要有必要的非言语系统的媒体来配合外，还必须选用言语系统的媒体，如电影、电视等视听辅助媒体。媒体是以不同的功能来实现实验教学目标的工具，因此要根据实验教学目标选择具有相应功能的媒体。实验教学方式不同，可供选择的媒体也往往不同。采用直接交往方式来传递经验时，可用口语系统的媒体，如收音机与录音机、实验教学光盘等；采用间接交往方式来传递经验时，一般用言语系统的媒体，如黑板、静止图片等。

2.学习者方面的因素

实验教学媒体对经验的传递作用取决于经验接受者的接受能力及加工能力，如感知能力、知识水平、智力水平、认知风格、兴趣爱好，以及年龄等。年龄不同，思维发展水平不同，采用的实验教学媒体也应有差别。对于学生，可采用"直接的有目的的经验"性质的媒体，进行直接接触或学习。

3.实验教学管理方面的因素

这包括实验教学的地点和空间、是否分组或分组的大小、对学生的反应要求、获取或控制实验教学传媒资源的程度。例如，对于实验教学光盘的使用，在声音、视频的大小等方面，教师要根据实际情况进行适当的处理和分析，必须使全体学生都能看到或获得准确的信息。

4.实验教学媒体的物理特性

不同教学媒体的特性不同，一般来说，幻灯、投影的最大特点是能以静止的方式表现事物的特性，让学生详细地观察放大的清晰图像或事物的细节。计算机辅助实验教学软件具有高速、准确、储藏量大，能模拟逼真的现场、事物发生的进程，且具有动静结合、表现力强等特性。在选择媒体时，要针对媒体的特性优先考虑最能表现实验教学内容特点的媒体。此外，还应考虑所采用的媒体是否便于教师操作，操作是否灵活，是否能随意控制等。

5.经济方面的因素

对于教学媒体的选择，还受经济方面的制约。一般来说，选择教学媒体时应考虑经济代价小、功效大、有实效的媒体。如果有两种教学媒体的经济代价相同，则应考虑功能多的媒体。从经济实用角度考虑实验教学媒体的选择，是我国当前实验教学媒体设计必须考虑的一个重要问题，那种一味地追求实验教学媒体的现代化，而不考虑经济实用原则的做法是不可取的。

6.受不同地区学校的客观条件制约

受到不同地区学校客观条件的限制，教育者应发挥主观能动性，尽量引入适合本地区、本学校需要的辅助实验教学媒体。也可因地制宜、克服困难、创造条件来选用辅助的实验教学媒体，如对于农村地区，可开发现有的实验教学场地或农业资源、对家用废弃物进行再应用、应用实验教学挂图、改进实验教具等。

（二）实验教学媒体的合理运用

1.多媒体组合的运用

鉴于各种媒体具有不同的特点，都有各自的适应性和局限性，且往往一种媒体的局限性又可用其他媒体的适应性来弥补，因此在可能的条件下，最好采用多媒体组合进行实验教学，以使各种媒体扬长避短、互为补充。例如，电视录像在表现动态情景上有独特的优势，但在表现静态放大画面时却不如幻灯投影，若将两者结合使用，便既能表现动态场景，又能表现静态放大画面。

2.一定程度的媒体冗余度能促进信息整合

学习者对信息整合进行得顺利与否，很大程度上依赖于媒体的冗余度。研究表明，在信息有联系的情况下，同时给予两种感觉通道的刺激，会提高学习效果。但如果信息太多且超过一定的冗余度时，双通道的呈现形式并不特别优越。因此，我们在采用多媒体组合实验教学时要特别注意：（1）不同通道传递的信息要一致或有联系，否则会产生干扰；（2）不同通道传递的信息并不是越多越好，单位时间内信息量过大，超过了学习者的接受率，反而会降低学习者的学习效果。如果学生可以通过实验获得感性认识方面的知识或经验，就没必要再利用多媒体进行演示和模拟。

3.选择适合学习者思维水平的媒体符码

"符码"原先是指语言或文字，后来指通讯上一定的最小表达单位与组合规则。这个观念后来被绘画、音乐、设计、流行等艺术领域大量借用，如电影符码，即电影传播信息的基本影像单位，由图像、符号及其他元素组成。"媒体符码"即指媒体所表达的信息单位。媒体的符码形式可分为语言的和非语言的两大类，也可分为模拟符码（指实际事物的视听形象再现，如芭蕾舞的动作）、数序符码（数字通信技术中使用的符码，如印刷、语言、文字）、形状符码（图画、图表、图解）。近年来，对符码的研究发现，媒体的符码与学生思考时所用的符码越一致或接近，学生就越能有效地思考。这意味着，我们在用某种媒体符码进行实验教学时，应考虑学生是否能轻松地处理这种符码，即学生是否能用最有利于自己的形式来解释、储存、提取、使用、转用这种符码。我们要先利用学生的生活经验和事实进行举例分析，再进行实验演示，这样比较切合学生的认知过程。

第六章 大学物理实验教学改革措施

第一节 创新人才培养下的大学物理实验教学改革

大学物理实验对培养学生的科学实验能力、严谨的科学态度、科学素养和动手能力、发现问题和解决问题能力起着其他课程不可替代的作用，也是学生进入大学学习的第一门实验课程。对于这样一门重要的基础课程，如何进行教学体制的改革、提高教学水平和培养学生的创新能力，一直是高校教师不断研究的课题。

某大学公共物理教学与研究中心(以下简称物理教学中心)的大学物理实验教学改革，主要从教师和学生两个主体出发，一方面注重提高教师的教学科研水平，另一方面重视教学改革，包括课程体系建设、教学条件建设、教学模式和课外教学平台建设等方面，全面培养学生的创新能力和创新意识。

一、加强师资队伍建设提高教学水平

（一）重视师资队伍建设

物理教学中心一贯坚持以人为本，关注教师队伍建设和发展，一方面通过培养和引进高学历、高素质人才，提高教师队伍的整体素质；另一方面通过建立健全完备的教学管理制度，包括集体备课制度、轮流听课制度、专家听课制度、青年教师培训制度，通过这些制度的制定并有效实施，使整个物理教学中心的教学水平不断提高。

物理教学中心一直重视青年教师的培养，给青年教师创造学习和进修的机会。鼓励年轻教师继续深造、与其他院校的同行交流，学习他们先进的教学经验、管理经验和教学方法，从而提高自身的教学和科研水平。

教师良好的知识结构和能力素养是成为合格教师的必备条件，也是完成时代赋予教师神圣使命的基础。教师只有自身知识积淀丰厚，才能带领学生在知识的海洋里畅游。

（二）加强校区间的教师交流

为了达到我校大学物理实验各个校区之间教学的一致性，各个校区之间的教师可以跨校区上课和听课，同一实验题目大家一起交流，互相取长补短，借鉴各个校区之间好的教学模式和管理方法，逐步使物理教学中心教学管理科学化、一体化。

（三）监督物理实验教学过程

物理教学中心成立了由各个校区教授组成的教学指导委员会，对大学物理及大学物理实验课程开展情况进行督导，每学期坚持集体备课和跨校区听课，并及时进行校区间的交流。

二、人才培养课程体系建设改革

（一）实验教学大纲的制定和完善

陈旧的教学大纲无法对教学质量提供保障，2013 年，我校以促进本科内涵建设为主线，通过深化本科教学改革，按照建设高水平研究性大学和一流本科教育的目标，进一步明确本科教学指导思想、发展策略和办学特色，提出"拓宽发展视野、夯实学科基础、培育创新精神、增进专业能力、锤炼四实品格"的总体培养要求，全面培养学生的创新实践能力。2013 版实验教学大纲，是在我校 2009 版实验教学大纲的基础上，对每门课程的教学目的、教学任务和教学要求，以及教学内容重新研究和探讨，并对国内同类大学的教学大纲进行纵向和横向对比后，进行多次修改和完善，经物理教学中心教学指导委员会审议后确定的，是我校物理教学中心近几年本科实验教学的指导性文件。

（二）重新编写物理实验教材

根据某大学 2013 版实验教学大纲的要求，物理教学中心重新编写了《大学物理实验》教材。教材以学生创新能力培养为主线，遵循循序渐进的认知规律，注重理论与实践相结合、课内与课外相结合、个性与共性相结合，按照递进式分层次教学方式，把大学物理实验内容分为基础性实验、综合性实验、设计性实验和创新性实验四个实验模块。对所开设实验的内容进行重新归类，使教学内容更加合理，不同层次的实验项目编写模式不同，以满足不同层次、不同阶段人才培养的需要。

三、加强人才培养的教学条件建设

（一）改善大学物理实验教学条件

物理教学中心各个校区的实验教学条件不同，建设方案也各不相同。2011年，吉林大学南校区基础园区建成，朝阳校区和新民校区实验室迁入基础园区，以及卓越人才培养计划的实施，学校教务处已向朝阳校区、新民校区实验室投入大量资金用于更新老化、损坏的教学仪器，并新增加了多种较先进的教学仪器设备，满足了分层次教学的基本需求。

2015年，我校教务处为改善南岭校区和南湖校区的实验教学条件，投入专项资金、非专项资金共计320多万元，两校区实验室老化、损坏的实验仪器得到更新和补充。与此同时，为了满足创新人才培养模式下的大学物理实验教学，还增加了燃料电池、空气热机、微波光学、波尔共振等多个实验项目。截止到目前，物理教学中心各个校区的实验室条件及教学条件均已得到改善，均可满足创新人才培养模式下的大学物理实验教学，物理教学中心教学条件及教学管理正向一体化方向发展。

（二）建设大学物理演示实验教学平台

物理教学中心南岭校区大学物理演示实验平台建设较早，但由于使用频率高、循环量大，演示仪器损坏严重。为了完善并提升南岭校区大学物理演示实验平台建设，2015年，向学校教务处申请更新并补充演示实验仪器，纳入2016年计划，目前已完成大学物理演示实验教学平台建设。

物理教学中心朝阳校区物理实验室自2004年开设大学物理演示实验以来，多年来只完成大学物理演示实验B1平台建设，2014年，学校教务处投入资金完成大学物理演示实验B2平台建设。目前，朝阳校区实验室已完成大学物理演示实验教学平台建设。

四、积极构建创新的人才培养教学模式

（一）构建分层次的大学物理实验教学新体系

物理教学中心大学物理实验已构建了融知识教育、素质教育、自主学习、自主实践、创新能力培养于一体的大学物理实验层次化教学新体系，充分满足不同层次人才培养的需要。按照由低到高、从基础到前沿、递进式的原则，将大学物理实验分为四个实验层次，即基础性实验、综合性实验、设计性实验和创新性实验，形成全面的、开放的大学物理实验课程新体系。

具体的实验内容及学时分配如下：

（1）基础性实验：必做 5 个基础性实验(绪论、力学基本仪器与训练、电学基本仪器与训练、光学基本仪器与训练、电子基本仪器与训练)，选做 3 个基础性实验，共 8 个基础性实验，占实验总学时的 60%。这些实验强调"基础"，主要学习内容为基本物理量的测量、基本实验仪器的使用、基本实验技能训练和基本测量方法，以及数据处理的基本理论和方法等，目的是培养学生良好的实验习惯和提高实验操作的规范性。

（2）综合性实验：选做 4 个综合性实验，占实验总学时的 30%，是基础性实验的延伸和升级。通过综合性实验训练，使学生处理问题、解决问题的实践能力进一步提升，为进一步学习设计性实验和创新性实验奠定良好的基础。

（3）设计性实验：选做 2 个设计性实验，占实验总学时的 10%，是在综合性实验的基础上，根据教师给定的实验题目和实验要求，由学生自己提出设计思想，拟定实验方案，选择实验仪器，确定实验条件，并基本独立完成实验。

（4）学生选做 1 个创新性实验。创新性实验目前仅向对物理有浓厚兴趣、动手能力强的少数学生开放，条件成熟并达到较好效果之后再逐渐扩大范围，逐渐完善层次化教学体系。创新性实验是以科研形式进行的实验研究，学生个人或团队在教师的指导下选择实验课题，在通过查阅文献资料理解相关领域的理论知识和研究方法的基础上，确定研究内容和研究目标，设计实验方案，进行实验数据的分析和处理，撰写实验结题报告或研究性论文。

（二）开放的大学物理演示实验教学

为配合大学物理理论课教学,物理教学中心每学期开设 4 学时的大学物理演示实验,对于一些简单、轻便的演示仪器，教师可以在课堂上随堂演示，做到了理论与演示实验教学同步进行，避免出现理论教学中易出现的抽象、脱离实际的现象。

演示实验可以使大学物理教学更加直观，帮助学生更深刻地理解物理概念和物理现象，有助于调动学生对物理的兴趣和学习的积极性。大学物理演示实验室是全天开放的，学生可以和老师预约，利用课余期间进入演示实验室观摩、学习与实践。

正是这种开放的大学物理演示实验教学，激发了学生对物理的学习兴趣，并活跃了物理思维，好多学生都是做完演示实验后，与教师联系，希望能进一步参与教师的科研项目和创新性实验。通过参与教师的科研项目和创新性实验，他们的动手能力及创新能力进一步提升。

（三）欲开放大学物理实验预习室和预习系统

在实验教学过程中我们发现，学生在做实验之前，虽然做了一定的预习功课，对实验原理、实验仪器有了一定的了解，但对实验仪器的操作还是比较陌生的。学生在做实验时，既要熟悉实验仪器，又要完成预定的实验结果，测出正确的实验数据。好多学生在实验过程中非常紧张，担心自己无法完成，为了求快、求稳，有的同学事先拍下了其他同学的实验数据，把实验数据重新抄在实验卡片上，这个实验就算完成了；也有的学生即使是独立完成实验的，也是误打误撞完成的，没有清晰的实验思路。我们曾经做过调查，很多学生对实验仪器及原理是陌生的，更不知道使用实验仪器的注意事项，能出色地完成实验的学生所占比例不大。

为了让学生对实验原理及实验仪器有更好的了解，并独立完成实验内容，我们计划开放大学物理实验预习系统，通过制作一些视频、PPT 等，对实验原理及实验仪器进行介绍，让学生在实验之前能有一个充分的预习。

为了达到更好的教学效果，实验室计划开放预习实验室。在预习实验室中，摆放本学期要做实验用到的仪器，并配有实验原理、操作说明及预习指导书，预习实验室是全开放的，学生可以刷卡进入预习室。室内安装有监控摄像头和对讲系统、电脑等，学生如有问题，可以与值班老师沟通，也可以通过线上社群向老师咨询。这样，就可以大大节省人力资源，缓解目前教师资源紧张的状态。

目前，我们已通过线上社群广泛征求学生的意见，得到学生们的好评，通过预习系统和预习室的开放，在一定程度上可以减轻学生实验过程中的盲目状态，提高学习及实验效率，培养出更优秀的学生。

五、搭建实践教学平台

为了促进理论与实践相结合、课内与课外相结合，突出学生的个性化发展，切实锻炼学生的动手能力，物理教学中心的教师根据自己的研究方向及多年教学经验，开设了一些创新实验题目，每年向教务处申报并审批，批复后在学校网站上公示，也在物理教学中心网站上公示，有感兴趣的学生，可以个人或组团的形式，在与教师联系后开展创新实验研究工作。学生也可以提出自己的设计方案，然后和创新实验教师联系，由教师评估其可行性，并在教师的指导下完成。通过大学生创新实验，建立创新实践平台及创新实践项目库，给学生提供进一步深入研究的平台，为将来的科研工作和工程设计打下坚实的基础。

自从 2013 年开展创新实验以来，每年大约有 60 人参与创新实验项目，累计 200 余人受益，开展创新实验深受那些想搞小发明和想在某方面进行深入研究的学生的欢迎。

某大学公共物理教学与研究中心通过加强师资队伍建设、校区教师间的交流，以及对教学过程进行监督等措施，提高教师的教学水平；通过大学物理实验教学大纲及实验教材建设、大学物理实验及演示实验教学条件建设、分层次的大学物理实验课程体系、开放的大学物理演示实验及大学物理实验预习系统、课内外实践教学平台等，进行全方位的大学物理实验教学改革，培养优秀的创新型人才。

第二节 与物理科研相结合的物理实验教学改革

物理学是研究物质运动最一般规律和物质基本结构的学科，它是其他各自然科学学科的研究基础。它的理论结构充分地运用数学作为自己的工作语言，以实验作为检验理论正确性的唯一标准。物理学是实验科学，物理学科的研究都是以客观实验为基础的。物理实验教学是物理课程和物理教学的一个重要组成部分，它既是物理教学的重要基础，又是物理教学的重要内容、方法和手段。以物理实验充实教学，是物理学科中充分体现现代素质教育思想的重要方面，有利于促进学生科学素养的形成。近年来，高校越来越重视大学生创新能力培养，而实践是创新的基础。在物理实验教学中，除了完成对某一物理量的测量外，更重要的是要培养学生学会观察、分析、理解物理实验的基本思想和实验装置的巧妙设计理念。物理实验教学改革势在必行。

浙江大学将物理实验教学与物理科学研究相结合，在实验内容设置上及时将科研前沿引入到实验教学中，让学生在起步阶段就提前接触前沿的科学研究，对学生实验技能的训练，以及促使学生将实验课程与理论课程相融合，以便加深学生对所学理论知识的理解，以尽量满足学生个性发展的需要。

一、与物理科研相结合的物理实验教学改革内容

（一）调整教学目标

传统的实验教学主要是根据教学大纲和计划设置课程实验，是以教师为中心的着重强调教师的"教"，以训练学生的实验技能、验证基本理论原理为主要目标，在实际的教学中，强调操作技能的程序化和规范化。学生们能做的就是按照已经设计好了的实验方案，去检验一个已知的结果是否正确。教学模式单一、内容陈旧、操作步骤按部就班、主要以命题性演示实验内容为主、验证性实验占比过高，既限制了学生的创造力，又降低了实验教学内容的创新性。物理实验教学必须为学生构筑一个合理的实践能力体系，应尽可能地为学生提供综合性、设计性、创造性比较强的实践环境，让每一位学生在四年大学的学习过程中能经过多次这个实践环节的培养和训练。这不仅能培养学生扎实的基本技能与实践能力，而且也有益于提高学生的科学创新思维，开拓学生的科学视野，为将来从事科学研究打下坚实的基础。

（二）搭建实验教学平台

教学平台的搭建对培养学生的实验兴趣非常重要。课程内容与学生实验兴趣必须紧密相连，以达到激发学生的学习热情和积极性、提高大学物理实验课程的教学效果和教育质量的目的。为将实验与前沿科学相结合，某大学物理实验教学中心紧密结合现代化建设的实际，充分依托物理系现有的凝聚态物理、光学、等离子体物理、理论物理、粒子物理与核物理、原子分子物理和无线电物理等学科，构建适合本科生探究性实验需要的实验训练平台，包括科研基础训练平台；科研能力训练平台以及特色专业训练平台。

注重基本实验技能和实验素养的培养，突出和加强对大学生创新知识的传授、创新能力和创新素质的培养，特别是以提高创新人才的培养水平为目标。

（三）扩大参与教学面

在传统的实验教学过程中，参与教学的主要是实验岗、教学岗的教师，主要的教学过程就是教师指导学生按照已有的实验步骤验证某一物理现象。学生的接触对象仅限于教授实验的教师，实验内容也仅限于实验室已有的实验设备所能完成的内容。而当实验教学与科学研究结合后，为学生指导实验就由原来的实验教师变为了所有教师。实验室向本科生全面开放后，学生的选择面也变广了，可以根据自己的科研爱好选择相关研究方向的教师来指导实验，进行探究性实验。目前，某大学物理系参加探究性实验核心课程物理学实验III的实验教学教授和副教授有 30 余名，研究内容包括新型超导体合成和物性探索、铁基铁磁超导体的物性研究、多重极端条件下的物性测量方法与技术、超导量子器件、基于超导器件的量子计算和量子模拟的实验研究以及液体表面薄膜的制备等50 多个研究课题，注重对学生实验技能的训练，促使学生将实验课程与理论课程相融合，以便加深学生对所学理论知识的理解。

（四）规范管理

由于实验不再是传统的、在固定的实验教室内完成的，而是学生前往指导教师的科研实验室进行的，实验时间也不仅仅局限在某个时间段，而是随时都可以进行，这就对实验课程的管理提出了要求。课程的负责教师及指导实验的教师共同对学生进行监督和管理，对实验学习的结果进行考核。首先，指导教师要对学生学习的态度进行考核，以免出现学生选完课题和指导教师以后就消失、等最后需要对成果进行考核时才出现的情况；其次，指导教师需要对整个实验的结果进行考核，目的是考查这个时间段内的完成情况，也对学生的科研能力进行一个评估，以确定该生是否适合在这个方向上继续进行科学研究；最后，通过答辩的形式进行考查，除了考查学生这段时间的学习情况，更是一个锻炼学生作科研报告能力的好机会。

二、与物理科研相结合的探究性实验特色

探究性的实验，是没有标准答案的实验，或者是蕴含着很多答案的实验，除了巩固知识，更能够激发学生的兴趣，培养学生的创新能力。与科研结合的探究性实验特色，可归纳为以下几个方面。

第一，教学与科研结合、变被动教学为自动求学；使学生处于主动探究并解决实际问题的状态，激发学生的学习兴趣及求知欲望。

第二，活跃在一线的科研人员主动投入到物理实验教学之中，使得物理实验教学内容变得丰富多样，涵盖了凝聚态物理、理论物理、光学、等离子体物理等多个领域。

第三，学生在专业实验室的过程中受到严格的、系统的实验技能训练，掌握科学实验的基本方法和技巧，严谨的科学思维能力、分析和解决实际问题的能力得到了很好的锻炼，科研水平有效提高。

第四，更多的学生进入科研实验室，科研队伍更加强大。参与课题研究的人数增加，在一定程度加速了科研的进度，提高了科研效率，丰富了科研成果。

第五，有效化解了学生研究能力培养与实验师资不足的矛盾，解决了因为占地、资金，以及设备等各种因素的影响，使得设计性、研究型实验平台容量有限，不能满足大多数学生对物理实验研究的兴趣和探索需求。

第三节 基于学生的发展特点开展大学物理实验教学

目前，很多院校已开始对大学物理实验课程进行教学改革。大学物理实验课沿袭传统的教学内容和教学模式，已越来越无法适应新生代大学生的发展特点和现代化社会的发展需求。新生代大学生在这样的大环境下，不再拘束于陈旧的观念，其思维敏捷活跃，对新鲜事物有强烈的好奇心。而在很多大学的物理实验课上，教师仍是主角，学生是观众，老师讲什么，学生就听什么，机械地完成实验仪器操作得到数据结果。另外，实验仪器陈旧、实验内容过时，课程设置是面对全校所有专业的，对于不同专业采用同样的

授课内容、同样的学习要求和考核方式。基于上述问题，本节提出几点教学改革的构思，旨在培养具有创新意识和能力的应用型人才。

一、转变思想，重新定位大学物理实验课的地位及教学目标

大学物理实验课是对物理现象或物理应用的探索性实验，以提高学生的动手能力及拓展学生的学习兴趣为方向，培养学生严谨的科学思维、独立学习的能力和创新意识，旨在通过学生积极、主动的学习，来培养具有创新能力的应用型人才。大多数院校的物理实验课现状是，教师不够重视课程教学，学生也是走过场式地完成任务；教师教授实验的过程是以仪器操作为主，学生照搬照抄，甚至抄袭其他同学的实验数据以应付检查，潦草地完成实验报告等。

转变教学思想，提倡科学、与时俱进、国际化、现代化的教学观念是第一步。各个院校应该根据学生的物理基础，制定适合本院校的大学物理实验课程设置要求，如减少实验课的数量、降低考核难度等。有的院校要求一学期至少完成 17 门基础的实验课，另外还包括其他开放性实验和课程实验，实验课的学习不应该追求课程数量，而应该追求质量。学生通过对几门实验课的学习，可以熟悉设计实验、独立完成实验的思路和方法，掌握动手完成实验的过程，激发动手学习的兴趣，学会将一个物理现象或物理应用结合已有的知识探索、分析和解决。通过个例的学习，培养学生的自学能力和探索精神，知识是学无止境的，新事物是层出不穷的，应该是培养学生的能力而不只是掌握某个知识点。不能将学生局限在仪器操作上，重复老师仪器操作演示过程，机械地完成实验数据测试。重视引导学生主动思考，重视实验和物理现象的关联，重视学生对实际问题的判断和分析，重视学生将新问题用已有的知识储备和经验去解决，重视将"我得学"转变为"我想学"，培养学生的创新思维和创新能力。

二、根据学生基础及专业差异，合理设置教学内容

各院校招收学生的知识基础不同，应结合学生实际及不同专业背景的需求，有针对性地设置实验课程。如果按照一个标准，将不同知识基础、不同专业的学生同班授课，会导致一些学生对与其专业相关性不大的课程产生厌烦情绪，并且会让部分非物理专业

的学生认为学习难度较大，放弃主动思考、主动学习的机会，出现为了完成任务而抄袭实验数据的现象。

随着经济、科技和信息技术的发展，实验课程内容设置也应该与时俱进，大学物理课程也要和世界新型科学相联系，与新兴事物相结合，易于学生结合实际分析、思考、解决问题，提升学生主动学习的兴趣。

此外，实验课程内容所使用的仪器，要尽可能是现代化的新型的仪器，应增加尖端综合性仪器。使用现代化仪器完成实验，学生在实验设计及实验数据上可以更加多样性，不仅可以避免学生的抄袭，而且在完成实验的整个过程中，可以拓宽学生的视野，对培养学生的自学能力和开拓创新思维有很大优势。

三、结合现代化技术，增强教学的艺术性

如今，高科技无处不在，传统的用粉笔在黑板上书写、教师满堂灌的授课方式，已不适用于新生代的大学生。学生不仅会产生厌学情绪，而且不利于创新型、应用型人才培养目标的实现。结合现代化技术，尤其是网络的大量应用，增强了教学的艺术性，更易于激发学生的学习主动性，开拓学生的创新性思维。

学生在网上完成课前预习，通过设置可以让学生看到预习的成绩，并可以不断刷新成绩，让预习不再敷衍了事，通过预习，让学生提前了解仪器安全、科学的使用步骤。仪器操作步骤不再是授课重点，学生提前通过网络学习，可以熟练、完整和安全地掌握仪器操作方法，给学生留出更多的课堂时间来设计实验、独立完成实验，可培养学生的自学能力、增强学习兴趣。教师在课堂授课时结合多媒体和各种应用软件，用动画演示原理过程，可提高学生的听课质量，易于引导学生主动思考和创新，降低对物理知识的理解难度。

第四节 基于 5G 技术应用的大学物理实验教学改革

当前，5G 技术已经广泛地应用到通信、航天，以及交通等各个领域，为社会的发展做出了重要的贡献。在这样的时代背景下，将 5G 技术运用到大学物理实验教学过程中，必定会对高校学生学习专业技能知识提供有效帮助。同时，运用 5G 技术来开展课堂教学，能极大地激发学生自主学习的积极性，提高学生的知识掌握能力和应用能力。本节就 5G 时代背景下大学物理实验教学改革进行一些探讨。

一、基于 5G 应用技术的大学物理教学改革意义

将 5G 技术应用到大学物理实验教学过程中，能够突破传统教学模式的局限，方便学生通过互联网进行自主学习。互联网时代的到来，为广大大学生提供了一个更加广阔的学习资源平台及展示自我能力的平台，在 5G 技术逐渐完善的现在，使用 5G 技术展开教学，能够帮助学生从原来的被动学习转变为积极主动地学习。除了传统的教学方式以外，学生还可以通过互联网找到更适合自己的教学方式，提高学习的积极性。学生可以在课外时间，通过 5G 网络搜索与大学物理实验相关知识进行学习，能够有效地解决在课堂上遇到的难题。采用 5G 技术开展教学，也有助于教师以更加高效的方式投入到物理教学之中，这就要求教师具备更多的能力，只有对与 5G 相关的技术有深入的了解，才能在课堂上发挥出更大的优势。采取这种教学模式，教师能够更好地实现新课标的教学要求，提升自己的知识水平，帮助学生不断进步。

当前，我国部分高校面临教师短缺的情况，5G 课堂为我们带来了全新的课堂设计理念。例如，翻转课堂、慕课等为教师带来了新的教学方式和途径，它们以 5G 技术为实现基础，且这些教学方式都很符合新课改的要求，并且根据学生的学习习惯不断发展和完善。运用基于 5G 技术的移动互联网教学平台，再结合新的互联网教学模式，能极大地提高学生对大学物理学习和实验的兴趣。基于 5G 技术的互联网教学模式不同于传

统的多媒体教学，它能在课堂上加强教师与学生间的互动交流，增强师生感情。然而这一教学模式也有其弊端，很容易导致课程完成率偏低，致使学生在学习中半途而废。因此，需要探究新的教学方式方法，在科学合理应用 5G 技术的同时，争取能够最大限度地提升教学质量。

二、5G 时代背景下的教学策略

（一）按学生考试分等级后开展教学

在 5G 时代背景下的教学模式中，在大学物理课程开始之前，教师可以对学生进行一次大学物理摸底考试，根据考试成绩将其分为 A 和 B 两个等级。A 级学生的物理基础知识较扎实，可以在本学期直接进行大学物理课程学习，B 级学生对大学物理基础知识掌握得不够牢固，需要在本学期先预习基础知识。在这一环节之中，通过考试的学生可以提前学习大学物理知识，是进行 5G 背景下的大学物理教学的先决条件。

对于物理按学生等级进行教学这一新型的教学模式，大学物理教材也应当做到同步更新。我国的高校教育中许多传统的科学和工科教科书比较完善，但是大学物理方面的教科书较少，只有少数教材可以供大学生使用，一些高校在编写新教材时难以抓住教学难点和重点。同时，新的教科书编写和出版必定需要花费较长的时间，在新教材出版之前，教师可以将网络平台上的一些参考资料应用到实际教学过程中，带领学生通过互联网平台熟悉大学物理基础知识，使学生更好地适应教学要求。

（二）线上学习平台教学能有效缓解师资短缺压力

当今，我国一些高校面临着师资力量紧张的情况，特别是一些基础课程教师更加缺乏。在这一情形下，新的教学内容又在不断增加，导致大学物理实验教学面临着前所未有的挑战，有些高校的教学进度也因此受到阻碍。在 5G 技术发展迅速的现在，线上学习平台教学成为许多高校教师和学生的有效选择，线上学习平台教学是基于网络的教学手段，能够有效地缓解教师资源短缺的压力。在这方面，助教模式就有着很大优势。基于 5G 技术的大学物理实验教学模式为高校教学带来了新的机遇，教师在教学过程中运用丰富的网络资源，以此进一步激发学生的学习兴趣。同时，采用这种教学模式能过有效解决教师与学生在学习过程中遇到的各种问题，强化学生的物理思维，使得学生在大学物理实验操作中更加熟练，为今后的学习打下坚实的基础。

三、科学合理地进行课程设置

高校应当为 B 级学生设计大学物理实验室仪器操作课程，让学生掌握实验室仪器使用方法及使用仪器过程中的注意事项等，为学生做物理实验打下一定的基础。在这个过程中，可以结合线上学习平台开展教学，先让学生自主地学习相关的知识理论，再组织学生到实验室实际操作。在线上学习平台上，学生可以学习到物理实验基础仪器的理论知识、掌握各种测量仪器的理论知识，以及熟悉实验室仪器使用安全注意事项等。这一教学内容对学生掌握实验基础知识有很大帮助，学生进入实验室做实验时也会更顺心顺手。

普通的高等院校可以通过适当增加学生学习时间的方式加强基础知识学习，通过线上或者线下考试的学生就可进入实验室进行实际操作，未通过的学生需要再进一步学习相关的理论知识。对于 A 级学生，由于他们本身已具备良好的实验操作基础，可将这一课程设置为选修课，A 级学生可以自愿决定参加与否。这一教学方式能有效避免教学资源的浪费，达到因材施教的目的。该课程学习时间设定为 3 个小时左右为最佳。

对于学习效果非常明显的学生，教师要适当给予表扬与鼓励；而对于表现有所欠缺的学生，教师切不可指责，否则会打击学生的自信心，教师要及时对这些学生进行正确的指导，帮助他们解决实验过程中遇到的问题，培养他们解决问题的能力。在 5G 时代背景下的教学模式中，学校可以安排固定的时间段，将大学物理实验室向大一新生开放，让新生进入实验室，经过多次操作实验的锻炼，可熟悉实验室环境及各种仪器的操作方法，为今后正式进入实验室进行实际研究打下基础。学校要注意合理安排大学物理实验项目，可以适当地让学生自主选择。

总之，在 5G 时代背景下，大学物理实验教师要强化整合意识，充分利用最先进的科学技术手段。将 5G 技术应用到大学物理实验教学过程中，能够给学生及教师带来许多方便，学生在遇到困难时，通过互联网就能解决这些问题。教师使用线上学习平台教学，能够极大地缓解自身压力，也能提升学生的学习效率。

第五节 农林院校非物理专业大学物理实验教学改革

一、开展大学物理实验教学的意义

大学物理实验教学以实验为基础，覆盖面大，实用性强，其各个层次的实验题目和内容都经过精心设计、安排，具有丰富的实验思想、方法和手段，同时能提供综合性很强的基本实验技能训练。它是大学生在实验思想、实验方法及实验技能等方面接受较为系统、严格训练的开端，在培养学生自主学习、活跃创新意识、理论联系实际和调整适应科学技术发展综合能力方面有着其他实践类课程无可替代的作用。

二、大学物理实验教学现状及存在的问题

目前，一些大学在物理实验课程教学方面存在一些不合理的地方，下面以某大学为例，对其物理实验教学中存在的问题加以分析。

（一）实验教学现状

某大学物理实验中心（以下简称"实验中心"）实验室面积约为 3 500m²，实验仪器1 700 余台套，价值约 900 万元，可开设实验项目 50 余个，分为基础物理实验、综合性物理实验和仿真实验、设计性物理实验三种，涵盖力学、热学、光学、电学和近代物理学五个部分。

（二）存在的问题

1.实验学时数不足

按照教育部 2010 年颁布的《理工科大学物理实验课程教学基本要求》，物理实验课

程至少为 54 学时，对于理科、师范类非物理专业和某些需要加强物理基础的工科专业，建议实验课时一般不少于 64 学时，而开展大学物理实验最多的电科专业也只安排了 40 学时，分两个学期上课，学时上达不到基本要求。

2.教学内容未与最新技术衔接

教学内容包括测量误差与数据处理的基础知识、基础性实验、综合性实验、设计或研究性实验四大部分，然而理论课程与实验课程教学不同步，教学内容较为陈旧，教材更新不够及时，与中学物理实验教学的衔接存在断层。其中，最新的科学技术在课程中几乎没有体现，实验教学课程与高科技的创新和发展间存在脱节现象。

3.教学模式单一

大学物理实验课程本身具有抽象性、推理验证性和逻辑性等特点，因此大部分高校的物理实验教学流程为：在课前，学生通过书本进行预习，了解实验目的、实验原理、实验仪器和实验内容；在课堂上，教师讲解实验内容、步骤、仪器使用方法及注意事项、数据的处理与分析等，学生根据理解的内容来操作仪器，观察实验现象，记录实验数据；在课后，学生处理实验数据及误差分析，得出结论，完成实验报告。

很多高校的大学物理实验课程都是采用讲授式教学，以教师为中心，师生间交流互动少，无法启发学生的创造性思维。在课堂上完全由教师讲解和演示，这占用了大量的课堂时间，导致学生动手时间少，对实验缺乏兴趣。在这种单一的灌输式的教学模式下，学生们被动地完成实验，甚至不知道实验的目的及实验原理，只是机械地按照既定的操作步骤完成实验，学生们只在意最后的结果是否符合要求，对实验过程中出现的实际性问题不关心，当实验理论和理论数据相差太多时，临时改变数值，或者直接在误差分析中将问题归结于仪器破损或其他原因，并不会仔细分析实验过程和实验条件而找出产生问题的真正原因。

4.实验室资源未被充分利用

物理实验中心的实验室分布在两个校区，只配备 4 名专职实验员，只能保障正课时间的正常开放；在没有课程教学安排时，大部分实验室和实验仪器处于闲置状态，其可开发的潜能很大。实验员除了管理实验室，还有相应的教学任务要完成，其工作量并不低于专职实验教师。另外，实验室的管理以人工管理为主，开放程度较低，无法满足新时代学生个性化、自主化学习的需要。仪器设备维修费较少，维修率 0.67%，远低于国家规定的 2% 的标准。

三、大学物理实验教学改革举措

实验中心按照《理工科大学物理实验课程教学基本要求》的要求，结合学校实际情况，始终坚持以学生为中心的实验教学理念，对大学物理实验进行教学改革，从教学内容、教学方法、举行竞赛，以及建设智慧实验室等方面，对大学物理实验课程进行有针对性的教学改革。

（一）开发课堂学习深度

一些限制大学物理实验教学的客观问题，只能通过学校层面进行协调、安排，短时间内不能很好地解决。那么，如何在现有条件下，提高学生的实验学习效率，就是我们目前需要解决的问题。在教学时数无法增加的情况下，只能从课堂学习方面进行深度和广度上的开发，提高学习效果；在经费不足的情况下，我们就必须通过对不同仪器进行组合或自行设计新的教学仪器来满足实验教学，实验中心自行设计了数字示波器测试模块，可以测试半波整流、桥式整流、滤波电路等。经过两学期的实验教学，学生通过此测试模块基本掌握了数字示波器的大部分功能，取得了较好的教学效果。

（二）完善实验教学内容

只有坚持以学生的需求为导向，以学生的体验为核心，才能真正激发学生的学习兴趣。近三年，实验中心购入黑体辐射实验仪、空气热机实验仪、波耳共振仪、巨磁电阻效应实验仪、燃料电池综合特性实验仪、单反数字照相机等器材投入到物理实验教学中，取得了显著的实验教学效果。在教学方式上，进行了如下改革。

第一，采取分层次教学的方式。按照 6：3：1 的比例分配基础性实验、综合性实验、设计性或研究性实验的教学课时。实验内容的设计多与学生的专业相结合，根据专业大类来设置实验项目，以适应学生专业的发展需要。每个专业大类的学生，除了完成一定数量的必选实验外，其余实验则结合专业来设置，形成模块。对于电科、电信、计算机专业的学生，主要设计与电学、电磁场、信息采集联系密切的物理实验，如自组电桥实验仪、PN 结正向特性综合实验、黑体辐射实验等；对于农林类专业的学生，设计的实验以光学、热学方面的居多，如导热系数的测量、用落球法测量液体的黏度、根据光电效应测定普朗克常量等；对材料、化工专业的学生，安排了燃料电池综合特性测试、铁磁材料磁化曲线和磁滞回线的测绘、巨磁电阻效应实验等；对机械类专业学生，则安排刚体转动惯量的测量、波尔共振实验等。

第二，实验内容结合专业情况来设计。基本测量实验安排的是测量不同茶叶水（红茶、绿茶等）或饱和盐水的密度；液体表面张力实验，提供自来水和纯净水，来做二者的对比实验。

第三，将生活中的现象与实验内容相结合，提高学生学习兴趣。教师将光学实验的很多知识，如光学透镜成像原理放在数码摄影上讲授，要求学生用单反数字照相机拍摄出曝光模式、曝光时间、光圈系数、IS，以及焦距等参数各不相同的照片。学生感觉到学有所用，学习积极性很高。在用落球法测量液体的黏度实验中，教师通过讲述汽车机油与黏度之间的关系，来分析温度对液体黏度的影响；在 PN 结正向特性综合实验中，教师则联系常用的电子器件如二极管、三极管等，给学生讲解。

（三）改革实验教学方法

1.实施"互联网+大学物理实验"教学模式

将"互联网+"思维与大学物理实验进行深度融合，可带来"1+1>2"的效果。实验中心积极构建双向互动、自由共享的大学物理实验中心教学平台，强调"以学生为中心"，以学生的特征、能力、需求等作为一切活动的出发点和落脚点。该平台在电脑端和手机端均可使用，教师将实验课程相关资源如实验要求、参考资料、补充讲义等及时上传至网页、辅导教学 APP 平台。差异化分类整理实验课程相关资源，供学生自学使用，有效帮助学生获取所需知识。随着新实验仪器和新实验内容的不断引入，原有的物理实验教科书已经不能满足现有的实验需求，因此教师需要编写新的实验讲义。这些讲义及相关的参考资料都会上传至平台。通过平台，教师和学生可以进行信息实时交换，教师及时反馈、解答相关问题，可促进师生间的沟通和讨论，引导学生自主学习，有效拓展该课程的信息化教学空间。

开展嵌入式视频教学，将与实验有关的 PPT 讲解、结合仪器的实验操作讲解、现场实验操作步骤等制作成视频微课，建立链接，放在实验中心网站的平台上。利用网络解决和实现教育领域教学活动的 4A（Anyone、Anytime、Anywhere、Any style)问题。学生在观看学习视频时，还需要正确回答弹出的问题方可继续，否则视频又会跳回本知识点重新开始。学生只有提前进行线上学习，获得相应的预习成绩，才被允许进入实验室。这样就大大减少了课堂教学时间，为线下课堂实践留出更多时间。

视频内容一般包括实验目的、实验仪器、实验原理、实验内容、注意事项。以下列出与课本不同的项目内容。

（1）实验仪器部分：把仪器打开，让学生清楚仪器的内部构造、工作原理、设计思路、测量方法。

（2）实验原理部分：增加物理学史的课程，增加与该实验相关的背景知识介绍，剖析其创造进程，可以引发学生的思考，补充书本和课堂因种种限制而不能深入展开的知识学习。只有让学生在做中学、在学中做，才能领略其中精妙的研究方法和实验构思。

（3）注意事项：实验操作中需要注意规范仪器操作。让学生在实验操中做到心中有数，可以安全、准确地完成实验，提高学习效率。

2.课前知识预习

学生可参考课本和课前发放的"物理实验数据记录表格"中的预习要点，自学视频材料，完成预习报告撰写。预习报告内容要精练，总结其知识点，总结的内容篇幅不用过长。教师可通过将视频学习成绩和纸质预习报告成绩两部分相结合的方式，判定学生的预习成绩。

3.课堂设计

上课时，学生必须要带上"物理实验数据记录表格"。在每学期初，该表格由全体实验老师统一讨论设计，结合之前的教学反馈，对实验要求进行修改。表格内容由预习要点、实验内容、实验注意事项、数据处理要求、思考题、原始数据记录表格、参考公式等内容组成。

课堂教学过程：主要利用线上学习平台的课堂互动功能，教师把事先准备好的5道题（视实验而定）上传到班级线上学习平台，然后学生可以通过手机在规定的时间提交答案。通过线上学习平台的互动教学，实现知识传授。还可以利用线上学习平台的弹幕功能，进行集体讨论，引导学生积极思考，变被动学习为主动学习。

通过0.5学时的教学互动，传统实验的教学目的已经达到了，接下来学生按照实验内容操作实验仪器，这是一个验证的过程，大部分学生均能胜任。通过线上与线下教学相结合的实验教学设计，实现学生的"能力翻转"。在3学时的实验课中，安排0.5学时用于"知识翻转"，2.5学时用"能力翻转"。通过线上预备知识的学习，以及线下实验课堂第一环节的知识翻转后，学生对研究性实验的内容都很感兴趣，当场将数据传给教师批阅，教师给分后即在平台上登分。学生若下载了APP或通过微信关注后，则会实时收到分数变动的消息推送。

4.课后数据处理

课后，学生要如实根据实验课上获得的数据，完成对应的数据处理及误差分析。鼓励学生多用计算机辅助绘图软件及计算软件，完成实验数据处理分析。个别对实验有新想法的学生，可以在报告上提出，提交报告后，由教师讨论验证。

（四）举办物理学术竞赛

近年来，中国大学生物理学术竞赛（China Undergraduate Physics Tournament，简称CUPT）受到大学生的欢迎，学生参加该赛事后，可进入 CUPT 实验室做实验。该实验室除配备物理实验仪器外，还配备 3D 打印机、激光雕刻机、光纤打标机、多功能小型钻铣床及微型机床，引导学生将想法变为实物，便于研究性实验、设计性实验的开展。

通过举行竞赛，模拟学生进入科研团队的场景，满足培养研究型创新人才的需求。每学期开始，面向全校学生公开报名，报名结束后，单人参加校级初赛。进入复赛的同学就组成几支队伍进行比赛。组队后，我们将选择当年 IYPT（International Youth Physicist's Tournament）竞赛的题目给他们，分配导师，开放实验室，由学生在课余时间完成。最终选择 5 名同学代表学校参加 CUPT 全国赛。学生们反映参加竞赛后，其独立实验的能力、分析与研究的能力、理论联系实际的能力，以及创新能力都得到质的飞跃。通过传帮带的方法，鼓励高年级优秀学生帮助指导低年级学生，特别是 CUPT 竞赛方面的指导，实行开放实验室值班制度，提高实验室利用率，便于学生进一步自主学习、研究性学习。

（五）建设智慧实验室

基于物联网建设智慧实验室，以计算机网络和移动通信网络为通讯平台，以多种类型传感器、控制器、终端为感控中枢，实现实验室门禁、供电、仪器，以及实验教学秩序网络化实时管理。基于教学平台实现开放预约、自主学习、虚拟仿真等功能，及时报修损坏仪器、预定实验耗材等，不同人员以不同的权限进入实验中心。基于物联网的实时监测、智能控制、实时通告、信息归集等功能，实验室信息公开化、网络化、实验室和仪器设备管理维护智能化，减少不必要的资源浪费，提高实验室教学和管理水平，打造符合新时代要求的智慧实验室。

建立走廊文化，在实验中心实验室走廊的墙壁上有中心概况、物理实验相关信息、诺贝尔物理学奖获奖者情况等。同时，还要在显示屏上动态展示实验中心及物理实验的相关信息。

立足农林院校学生特点，实验中心对大学物理实验课程开展因材施教、分类指导的分层次教学，提出"互联网+大学物理实验"的教学模式，开发 PC 端和手机端物理实验教学平台，引入嵌入式视频教学。经过一年多的实践，这些教改方法已经初有成效。通过线上和线下教学的充分融合，提高课堂效率，更多地关注学生的个性特点和需要，更好地构建"以学生为中心"的主动学习模式。基于物联网和便捷的移动通信工具实现实验室现代化管理，降低了教学管理的人工需求量，使实验室能更好地用于实验教学。

第七章 大学物理实验教学应用

第一节 CUPT 模式在大学物理实验教学中的应用

在传统大学物理实验教学过程中，存在一些有待解决的问题，例如学生对物理学科存在偏见，有"学困"的心理，难以提高进行物理实验学习的积极性；教师教学方式单一化，难以提高实验教学的效率及质量等。而对于 CUPT 模式来说，可以使学生分析问题、解决问题的能力得到有效提升，进而培养学生创新意识、团队合作意识及科研素养水平。因此，为了提升大学物理实验教学的效率及质量，本节围绕"CUPT 模式在大学物理实验教学中的应用"进行分析研究具备一定的价值意义。

一、CUPT 模式概述

CUPT 作为一项全国性赛事，其竞赛宗旨为提升学生综合应用所学知识解决实际物理问题的能力，有效培养学生的开放性思维。而对于参赛学生来说，则基于实际物理问题的基本知识、理论分析，以及实验研究等内容，进行辩论性竞赛。利用此竞赛模式，可以有效培养学生分析问题、解决问题的能力和水平，在提升学生科研素养的基础上，使学生的创新意识、团队协作能力水平、语言交流表达能力得到有效培养，最终使学生的综合素质能力水平得到有效提升，从而促进学生的全面发展。

而在近年来，发现大学物理实验教学存在一些问题，主要体现在：其一，相比初中高中物理，大学物理实验性的知识复杂、难度大，通常需要师生配合才能够有效完成实验，使得一些学生存在畏难心理，难以提高其进行物理实验学习的积极性。其二，传统的一些教学方法，比如灌输式教学法、填鸭式教学法难以满足大学物理实验教学的要求，在教学方法单一的情况下，便难以提高大学物理实验教学的效率及质量。其三，部分大学对物理实验教学的重视程度不够，存在理论课程多于实验课程的情况，显然这对提升学生的实验素养不利。

针对大学物理实验教学不足的现状，同时鉴于 CUPT 模式的优势，便可以将其合理科学地应用到大学物理实验教学当中，从而提升大学物理实验教学的整体效率及质量。

二、CUPT 模式在大学物理实验教学中的具体应用分析

为了对 CUPT 模式在大学物理实验教学中的具体应用有深入的了解，下面以某大学第一学期参加大学物理实验研究性教学的 4 个班级为例。基于一般教学内容，从基础和综合实验当中选出 11 个并完成实验，然后进行问卷调查，检测学生的学习能力水平，进一步开放研究性实验选题，供学生自由选择，具体包括：（1）实验一，测量钠光双线波长差；（2）实验二，测量色散曲线；（3）实验三，测量金属丝切变模量；（4）实验四，研究弦振动现象。将学生分成 4 个小队，每个小队选取其中的 2 个实验，A 实验为正方，B 实验为反方，由教师指导学生进行相关资料的查阅，通过小队内部讨论对方案加以明确，并进行数据测试、分析，然后将研究报告撰写出来，最后进行答辩。总结起来，具体的 CUPT 模式应用内容如下。

（一）教学前的准备

对学生开放 2 间实验室，对于负责本次研究性实验的相关技术工作人员，明确设备清单，以 1 个实验配置 2～3 套仪器设备为标准，并做好设备的搬运及放置工作，提前对整个实验过程进行研究，确保得到第一手的实验数据。进一步对整理相关资料，比如设备清单资料、试验任务要求资料，以及实验背景材料、资料等。此外，教师要熟悉实验，设计出一套研究性实验教学基本流程，给学生下达实验任务、发放背景资料，指导学生自己阅读，对学生进行实验提供有效指导。

（二）教学流程的实施

本次物理实验教学严格遵循"学生选题→查阅资料→讨论方案确定→测试数据→分

析数据→撰写研究报告→以 CUPT 模式进行答辩"的流程进行。

在最后一次基础实验完成之后，由教师对 4 个研究性实验项目进行详细介绍，学生则以自由组合的方式组成 4 个队，每个队以抽签的形式选取 2 个实验，其中，将 A 实验作为正方，将 B 实验作为反方。此外，在抽签过程中，需确保每一个实验项目均有两个队选择进行，这样才能够以 CUPT 模式开展答辩工作。

在选题之后，由教师指导学生进行相关实验资料的查阅，然后在教师的指导下初步进行实验方案的设计，并由师生共同分析讨论 A 实验和 B 实验，通过实验的进行，获取实验数据，并对数据进行分析，得出实验结论之后，认真撰写 A 实验和 B 实验的实验报告。此外，答辩根据 CUPT 模式进行，两个队的评论方点评 10min，然后将 A 实验作为正方，B 实验组作为反方，通过答辩由教师对正、反方进行评分。

（三）考核的内容和方法

对于研究性实验来说，以所占学时权重和基础实验结合的方式，使大学物理实验平时成绩中的实验报告成绩有效形成，即按照一定权重对学生的实验进行考核，研究报告为 100 分（背景和原理 40 分＋实验方案 20 分＋数据分析 40 分），答辩为 60 分。其中，在"背景和原理 40 分"当中，需将查阅文献资料的情况体现出来，"原理"则需将对文献资料分析的能力体现出来；对于"实验方案 20 分"，需将使用所学知识对实验方案进行有效设计的能力体现出来；"数据分析 40 分"，需将对数据进行分析，并能够得出有效结论的能力体现出来。答辩的打分基础为 45 分，若优秀则加分，存在问题则减分。此外，班间答辩分出 1～4 名，前 3 名依从总分加 1.5 分、1 分、0.5 分，第 4 名则不加分；每班上场队员加 0.5 分。通过公平、公正、公开的考核，作为最终评价 4 个班级的实验研究成绩结果的参考依据。

综上所述，CUPT 模式的应用具备多方面的优势，能够提高学生分析问题、解决问题的能力，还能有效提升学生的科研素养，使学生的团队协作能力及创新能力水平得到有效培养。因此，可以将该教学模式应用到大学物理实验教学过程中，做好教学前各项准备工作，明确并实施具体的教学流程，掌握考核内容及方法，通过有效考核，让学生了解自身实验学习的优势及不足，取长补短，不断加强学习，提升自身学习的综合能力水平。此外，从教师层面来看，CUPT 模式的应用，能够使大学物理实验教学的目标更加明确，并进一步提升大学物理实验教学的综合效率及质量，CUPT 模式值得在大学物理实验教学中推广及应用。

第二节 对分课堂在大学物理实验教学中的应用

大学物理实验是面向理工科专业的一门重要的公共基础课,其内容包括力学、热学、光学和电磁学等相关实验内容。该课程开设的目的一方面是配合大学物理课程的学习,另外一方面是培养学生分析问题、解决问题的能力。大学物理实验是学生进入大学后受到的系统实验方法和实验技能训练的开端,是理工科专业对学生进行科学实验训练的重要基础。

物理实验教学和大学物理理论教学具有同等重要的地位,它们既有深刻的内在联系和配合,又有各自的任务和作用。在中学物理实验的基础上,按照循序渐进的原则,使学生学习物理实验知识、方法和技能,使学生了解科学实验的主要过程与基本方法,为今后的学习、工作和科研奠定良好的基础。

传统的大学物理实验是学生根据课程内容的安排,上课之前对于相关实验内容做预习,上课时教师会对实验原理、实验步骤和实验数据的分析处理进行详细讲解,学生根据教师的讲解和书本上的实验步骤完成相关实验项目,课后撰写实验报告,完成实验数据的分析处理。在这个过程中,大部分教学活动学生都是被动地跟着教师或者课本上的实验步骤完成实验的,没有深入地思考与实验有关的问题,学生的主观能动性很难调动起来,学生的积极参与性较弱。对于大学物理实验的预习,一直学生都是把实验课本上的实验目的、实验原理和步骤等内容抄写下来,没有真正地理解实验内容,学生对于实验仪器的使用原理和方法了解不透彻,只是按照步骤要求来操作,很少会考虑仪器自身的特点,更没有考虑本次实验为什么要这样操作。这就是传统意义上的"填鸭式"和"灌输式"的教学模式,学生的主动性和创新性很难在实验教学中体现。

一、对分课堂简介

对分课堂是复旦大学张学新教授首次提出的一种创新教学模式,其提出的背景是针对大学课堂存在的"以教师为中心"的传统教学模式，教师和学生互动较少，学生的主动学习能力较弱，学生的参与度较低等现状。对分课堂的目的是增强课堂上学生与学生的互动性、教师与学生的互动性，提高学生的学习兴趣，引导、培养学生自主学习的能力和批判学习的能力。对分课堂的核心就是将课堂时间进行"对分"，即教师利用课堂一半的时间讲授教学内容，另一半的时间分配给学生进行讨论的一种学习过程。与传统课堂相似，对分课堂也是教师先讲授、学生再学习，但与传统课堂不同的是，"对分课堂"更突出体现学生的自主性和主观能动性，注重课堂讨论和学生的参与度，强调学生与学生之间、教师与学生之间的互动。对分课堂实施的关键是把教师的讲解时间和学生的讨论时间分开，在课堂教学中学生有一定的时间自主学习，内化并吸收。可以看到，对分课堂并不是对传统的讲授法和讨论式的启发式教学方法的颠覆和否定，而恰好是结合了两者各自的优点。教师在课堂上通过讲授法将最主要和最基本的知识要点传授给学生，学生课后可以按自己的需求完成对知识的内化和吸收，这符合心理学规律，也为下堂课的有效讨论积累了丰富的素材，避免了当堂讨论因准备不足而出现的偏离教学目标的情形。明显地，对分课堂把教学活动在时间轴上分离为讲授、内化吸收和讨论三个环节，并且环节之间是相关联的，是逐渐递进式的过程。

二、对分课堂应用于大学物理实验教学中的可行性分析

对分课堂提出后，张学新教授最初将对分课堂模式用于心理学研究方法与实验设计课中，并受到了学生的广泛好评，获得了良好的教学效果。自此之后，对分课堂受到了越来越多的高等教育工作者的关注，并将该方法应用于思想政治理论、大学英语、微生物学等高校课堂中，对分课堂应用于文科专业的课程较多，应用于理工科课程的情况较少。最初，对分课堂的应用对于学科和专业没有细分。由于各个课程的内容和目标并不相同，所以有必要对把对分课堂应用到大学物理实验的可行性进行分析。

在大学物理实验中采用对分课堂的教学模式，教师在学期初对于本学期实验课程要做充分的了解，根据实验教学内容的特点，以部分实验项目进行对分课堂的实验教学。需要确定出预备实施对分课堂的实验内容和对分的时间，并结合实验内容，本着有助于提高学生的主观能动性和创新思维能力提出合适的讨论问题。

另外，教师需要向学生介绍对分课堂的教学模式、具体操作流程，小组讨论的目的、

内容和要求及考核方式，让学生清楚在课上和课下每个环节中自己的职责和需要完成的任务。同时，还要对学生进行分组，每组 4~5 人，选出组长并明确组长的职责和每个组员需要完成的任务。

根据对分课堂的教学流程，按照时间先后顺序将教学过程分为三个阶段。首先在上次试验结束后，布置下节课的物理实验内容，例如以读数显微镜的使用设计"对分课堂"，学生可以选择完成牛顿环曲率半径的测量或者薄纸片厚度的测量实验内容，在通过布置相关的任务后，学生以小组为单位，主要任务是课前查阅相关资料、设计实验方案，和实验室教师沟通所需要的实验仪器元件。在开始上课后，实验指导教师只需要把重点内容做简单的讲授，更详细的内容由随机抽到的小组学生组长讲解，其余小组随后依次讲解，讲解结束后，每一组针对讲解内容互相评价，评价的内容是对应小组讲解是否正确和充分，是否需要补充，如果两组有不同的意见，可以让学生先进行讨论，在这个过程中，教师要根据实际情况对学生讨论问题的角度和进程进行指导，然后再做总结，以 20 分钟为宜。"亮考帮"环节是"对分课堂"中很重要的一个环节，"亮闪闪"可以是在课堂上先完成一部分，另外一部分在实验报告的书写方面来体现，"亮闪闪"可以写出本次实验的收获、体会和准备改进的方案，"考考你"可以给对方小组提出与实验相关的问题来考查地方，"帮帮我"可以提出实验过程中的疑问、实验完成之后的疑惑或与其他小组不同的实验现象等，鼓励学生提出不同的见解、分析和体会，并动员学生课后积极完成。引导学生把本次实验方法或计划方案应用到实际中。在单个实验考核中，可以是小组内互评打分，也可以是小组间互评打分等，教师在这个过程中给出详细的分值方案，充分调动学生的主动性和创新性。

通过这次应用，学生参与物理实验的积极性有了很大的提高，对于物理实验的兴趣也增加不少，既增强了学生的表达能力，又培养了学生的集体荣誉感。

在培养应用型人才的大趋势下，大学物理实验是培养学生实践动手能力、创新能力和科研能力的重要课程，而实验教学方式的改革也是激发学生主观能动性的有效方法。在物理实验课程中需要解决的问题较多，如果能充分调动学生学习的积极性，锻炼学生的语言表达能力、自学能力、分析解决问题能力，对分课堂的应用是一个很好新思路，对于提高物理实验的教学质量开辟了一个新的有效的途径。

第三节 智慧教学管理平台在大学物理实验教学中的应用

近年来在教育领域，打破传统教学观念、充分发挥信息技术的优势、大力推进信息技术在教学过程中的应用、促进信息技术与课程的融合，成为教育研究和探索的热点。

大学物理实验是高等学校理工科类专业学生进行科学实验基本训练的必修基础课程，在引导学生掌握物理知识与技能、培养实践动手能力、提高科学研究素养、提升参与实践与科学研究内驱力、建立科学的世界观、人生观和价值观方面具有非常重要和深远的作用。实验课程的性质和重要性决定了其排课方式、上课形式、教学模式和考核方法不同于一般的理论课程，在课程种类多、学生体量大、课堂次数多、实验项目全、实验室场地有限的前提下，教学的组织和实施越来越依赖于信息技术的支持。

某大学物理实验中心自 2001 年建设并使用物理实验开放教学网络化管理平台，学生在实验内容、实验时间、指导教师等方面有较大的自主选择权，充分体现以人为本、自主学习、注重个性发展的教育教学理念。伴随信息化技术的发展和阅读载体的变化，物理实验中心与时俱进，将多年来的开放教学管理经验与现代信息技术相结合，有效发挥了网络资源和手机设备在实验教学中的作用。本节主要介绍智慧教学管理平台在物理实验教学中的应用情况，并对其未来的发展趋势和方向进行展望。

一、智慧教学管理平台在物理实验教学中的具体应用

（一）智慧教学管理平台的构建

大学物理实验课程针对不同学科和专业开设，开课范围广，学生数量多，教学和管理任务重。以某校大学物理实验教学为例，某校物理实验中心每学年承担大学物理实验课程 10 余门，上课学生总数 4 000 多人，年均实验课堂达 2 000 次，实验总人次数近 6 万人。在实验教师和实验室场地有限的情况下，信息化教学综合管理系统的开发和利用

有效地缓解了课程开设的压力，为课程安排、网络资源利用、学生选课和上课、教学数据统计等提供了极为便利的条件。

某校物理实验中心以信息技术为依托，以学生能力培养为中心，积极深化物理实验教学改革，逐步完善实验教学综合管理系统，形成了以"分层次教学、开放式管理和过程性培养"为核心的实验教学管理理念。以原有开放教学综合管理系统为基础，融合现代技术手段，更新和拓展了其功能，形成了以物理实验中心网站和物理实验中心微信公众号为平台的智慧教学综合管理系统，充分发挥了智能手机在智能选课、报告下载、在线预习、上课提醒、智能考勤、报告上传、成绩反馈等一系列教学环节中的便捷作用。

（二）智慧教学学习资源的丰富

伴随信息化技术的发展和阅读载体的变化，现代大学生已经习惯使用信息化手段作为获取知识的重要途径。以智能手机为代表的移动通信技术的发展，给一般意义上的系统学习带来巨大冲击，碎片化学习和泛在式学习应运而生，其作为信息化时代学习的普遍特征之一，已成为深受年轻人推崇的学习方式。改变传统的以实验课堂教学为主体的学习方式，借助信息化手段，将在线资源与线下实践有机结合，全面发挥学生在实验课堂中的主观能动性，构建真正"以学生为中心"的教学管理模式是实践类课程要解决的问题。

1.数字化教材资源

实验教材是学生系统学习实验知识，有针对性地提高实验技能的最直接的学习资源。实验基础理论和实验项目是物理实验教材最主要的组成部分，实验基础理论的内容相对固定，但实验项目部分经常因项目丰富、内容扩展、设备更新或更换等因素影响，存在一定的变动性。在教材不易频繁修订的前提下，如何弥补教材部分内容与实际教学内容不一致造成的影响，是实验教材编写者较为棘手的问题。

信息化技术在教材方面的应用解决了这一矛盾，教材的数字化建设成为一种趋势，特别是将传统纸质教材与可视化资源相结合的教材编写形式，颇受出版社和教师的青睐。该形式的教材是对传统教材的在线补充，即在纸质教材每个章节的部分添加二维码，二维码信息包括扩展内容、补充内容、视屏讲解、动画演示等多种可编辑形式，使用者可以通过手机、平板、电脑等设备便捷获取。例如，某校在机械工业出版社出版的大学物理实验教材，把传统教材无法呈现的实验信息以二维码的形式展示在每个章节，既可以方便学生以传统方式使用，又可以便于学生利用智能手机扫描获取辅助信息。

2.在线扩充性课程资源

实验课堂与理论课堂相比，在有限的课堂时间内更加注重培养学生的实验操作能力和发现问题、解决问题的能力，学生只有在大致掌握了实验原理、操作方法、实验设备使用和设计思路的基础上，才能够在实验室中有针对性地进行实验。因此，学生的课前预习准备对提高实践课堂效率、提升实践应用能力至关重要。

在线开放资源的建设和优化可以为学生更好地参与课外学习提供保障，其建设应遵循直接性、便捷性、实效性和趣味性等原则，课外学习效果可以通过课前测试予以反馈，从而提高学习资源的利用率和课堂实践的效率。某校物理实验中心通过中心网站和微信公众号为学生提供了丰富的学习和预习资源，并通过智慧化手段对学生课前学习进行适当督促和约束，这种做法起到了一定的效果，课前准备更充分，课堂实践效果提高明显。

（三）学习效果评测及实践教学评价

大学物理实验课程是一门独立设课的基础实践课程，对于培养和提高学生的科学素养和实践动手能力具有重要的作用。课程教学效果和学生的过程性学习成效是提高教学质量和学生综合素质的具体体现。学生实践能力的培养和综合素质提高，是由学生主动参与、教师因势利导和评价体系动态激励相互作用的过程，将信息化技术手段与实践课程考核有机融合，可以实时发现学生在不同环节存在的问题，并有针对性地予以指导和反馈。

物理实验中心积极探索实践课程的过程性培养方式和方法，深入挖掘智能手机在教学中的潜能，将信息化手段融入实践课程的各个环节：课前，利用有效的在线资源开展预习；课堂前段，利用"雨课堂"、在线考评系统客观评价学生课前预习和学习情况，辅助学生做好课前准备；课中大部分时间，利用实验项目平台积极开展以学生自主实践、交互协作实践为主体的教学模式；课中后段，利用"雨课堂"、在线考评系统客观评价学生实践环节中的相关问题，倒逼学生主动参与实验过程。

二、智慧教学管理平台的完善及其在实验课程中的应用前景

某校物理实验中心积极探索，以原有教学模式为基础，以信息化手段为支撑，逐步构建了符合时代发展和本身需要的智慧教学管理平台，信息化手段贯穿于学生实验的各

个环节。该体系的构建，充分体现了"以学生为中心"的教学理念，重视课堂实践效果，注重对学生主体的过程性培养。

实践课程的主阵地在课堂，实验教学的主要目的是培养学生实践技能和综合素质。展望未来，智慧教学管理平台在大学物理实验教学中的进一步应用主要体现在基于信息化技术为依托的课程体系完善、教学模式改革和教学服务方面。

（一）线上教学与线下实践相结合的实验课程教学体系构建

建设高质量的在线开放课程，可以为学生课外学习、课堂实践、课后总结等提供更多循环可用、便捷高效的在线资源，特别是以此为基础开展线上教学与线下实践相结合的课程教学模式，将成为基础实验教学发展的一种趋势。线上教学即学生在课前通过丰富的在线开放课程资源熟悉实验原理和实验方法，掌握仪器的使用和注意事项，初步形成实验的设计思路，为课堂实践做好准备；线下实践即实验教师精心设计、创新教学组织形式，学生带着任务进实验室，充分利用在线资源、教师指导和学生之间的讨论协作等完成相应实验任务。

相较于理论课程，这种线上教学与线下实践相结合的课程教学体系更加适合物理实验教学的学习规律和小班化的教学管理形式，不仅可以充分发挥课程资源在不同环节的优势，促使教师不断丰富教学模式，积极开展小组实验、讨论式和探究型等多种形式的混合式教学，还可以进一步发挥学生在课堂中的主体作用和教师的辅助作用，为深化教学改革提供更广阔的空间。

（二）关联在线课程资源与教学综合管理系统

在新工科建设和振兴本科教育的新形势下，实验教学管理理念和教学培养理念更加注重实践教学效果、课程质量和对学生的过程性培养，也越来越依赖于信息技术的支持。

在信息技术手段支撑下，可以将在线开放课程资源与教学管理系统有效对接，形成学生个人实验信息库或个人实验档案，信息库含有实验选课信息、相应实验的在线资源、在线练习与测试等，全程记录和跟踪学生的学习过程和学习动态，形成课程对学生的过程性培养和管理。该体系的完善，既能够使学生便捷利用信息资源，对学生的课外学习形成约束，又可以为教师开展混合式教学提供保障，提高课程质量。

（三）构建全开放的智慧教学新模式

在现有开放教学管理模式下，学生借助信息化手段在实验内容、实验时间、指导教师等方面有较大的自主选择权，充分体现了开放教学自主性、人性化、灵活性的特点，为教学组织和课程管理提供必要保障。但究其本质，现有改变只是课程的管理形式和组织形式，课程内容、课程对学生的要求，以及课堂组织形式等并没有发生本质变化。

深化传统开放教学模式改革，深层次发挥信息技术的教学辅助功能，构建全开放的实验教学模式是大胆的尝试。课程是在统筹考虑资源利用、学生层次、学习动机、专业需要、内容设置、课堂组织、教学设计、实践效果、教学评价及安全保障等一系列因素的前提下，打破原有限制，创新组织形式，对学生开展的全开放的教学模式。

信息技术的迅猛发展和智能手机的普遍使用，为大学物理实验有效推进智慧教学改革提供了广阔的空间，既丰富了教学资源，改善了教学组织、管理和考核方式，又为学生提供了更多便捷的服务，激发了学生学习的积极性和主动性，有效地提高了物理实验的教学质量和效果。信息技术与教育教学的融合发展已成为我国教育信息化发展的主题，并将继续引领实践课程的深刻变革和不断创新。

第四节 慕课在大学物理实验教学中的应用

随着创新性人才培养要求的逐步提高，创新性实验项目在高等院校本科生创新和设计能力培养占据重要地位，例如，南开大学制订针对本科生的创新科研计划项目包括国家级大学生创新训练计划（简称"国创"），天津市制订大学生创新训练计划（简称"市创"），南开大学制订本科生创新科研"百项工程"项目（简称"百项"）等。大学物理实验课程，作为从大一就开设、学生们最早接触的实验类课程，知识涉猎范围广，实验内容及仪器操作方法等信息量大，对于学生们养成良好的实验素养，培养实验动手能力和创新能力，尤其是对于大二开始申请创新科研项目的学生来说，有着非常重要的前期指导与知识储备作用。

慕课作为大规模的在线开放课程，由于其灵活多样的上课形式、不受空间时间的限制、自由开放的学习模式，自提出以来广泛地应用于各学科的教学实践中。尤其是在"互联网+"的时代下，慕课教学已成为当前高等学校教育改革的重点，国内许多高校如北京大学、清华大学、南开大学等相继开设了慕课平台。将慕课应用于大学物理实验的教学，对于实验原理及操作过程进行可重复的立体展现，利用动画视频、虚拟仿真等技术模拟实验过程，规避潜在的不安全因素，彻底转变了实验课程中教师的绝对主导作用。

本节针对慕课与大学物理实验教学模式的特点，结合学生们对于实验教学过程中创新性实验技术和方法的教学要求，探索大学物理实验教学中慕课授课内容的新模式，在基础理论知识中融入前沿科学发展需要，将较为前沿的实验操作方法与实验仪器结合相应的授课内容以慕课的形式予以展现，在不增加面授课课时与学生负担的基础上，为后期参加创新性研究的学生提供前沿实验理论方法与操作技能等方面的知识储备。

一、传统大学物理实验教学模式下的"创新"弊端

（一）"什么是"创新，不知如何立题与选题

目前的大学物理实验内容与实际应用差距较大，学生们只是按照教材要求完成实验目的和内容，不了解所学实验知识与技能的实验应用前景，很难根据实际需求提出立题依据，不知如何立题与选题。

（二）不了解创新项目"怎么干"，知识储备量有限

大学物理实验主要利用实验操作验证原理，实验仪器及操作方法虽然简单明了但存在仪器体积大、精度不足、受操作者技术水平影响大等劣势，很难应用于创新项目中。大部分学生不了解创新项目"怎么干"，知识储备量有限，对较为前沿的实验方法知之甚少。

二、利用慕课实现大学物理实验教学中创新能力的培养

（一）保证课堂教学任务，理解实验原理

利用慕课不受场地、时间限制的特点，将物理实验原理中各个知识点"打碎"，设置为十几分钟的"小慕课"，使学生们可利用碎片化的时间对知识点进行反复观看，以达到充分理解的目的。

（二）解决"什么是"创新的问题

在实验目的的完成上，不单纯完成书本上的教学目的，着重突出潜在和实际应用，解决"什么是"创新的问题。例如在液体表面张力的实验系列慕课中，单独录制"装满水的杯子倒置不漏水"的视频，并提出思考题"水管前端的网状装置只是用来过滤吗？"在提升学生们科学实验兴趣的同时，鼓励学生们积极思考，为创新项目立题奠定基础。

（三）解决创新是"干什么"的问题

在实验操作上，利用慕课立体呈现实验操作过程，在课堂上充分发挥学生们的自主性，将传统的讲授操作过程变为答疑解惑，并在慕课中充分体现新技术新方法的应用。例如，在"光的干涉实验"的系列慕课中，在学生们理解原理并实际操作的基础上，加入"探测神奇的引力波"的慕课，再次在理解干涉原理的基础上，了解该原理新的实验方法和技术，同时建立"光的干涉实验"与"弦振动实验"的慕课链接，在学习干涉理论的同时，对所学驻波知识进行复习，已达到触类旁通的目的。

（四）解决"怎么干"创新的问题

在教学内容拓展上，利用慕课的多校共建特色，加入多学科相关专业知识与实验方法，使学生们多维度了解所学知识的应用领域及交叉学科发展要求。例如，通过学习"光纤光栅原理与实验"的慕课，鼓励学生们利用光栅的知识对"冰的熔解热"和"固体的线胀系数"等实验进行自主设计；立足南开大学光电专业光纤传感方向并联合天津大学生物专业蛋白检测，开设"光纤传感在生化传感中的应用"的慕课，进一步扩展应用领域。

三、慕课教学评价与学生考核机制

目前，大学物理实验教学主要考评机制为教师根据学生出勤情况、预习报告、课堂操作表现，以及最终实验报告的完成情况给出实验课成绩，以教师作为主导，学生们的积极性普遍不高。引入慕课进行评判与考核，有望实现大学物理教学过程中的分级评分标准，根据不同学生的层次及对实验的兴趣程度因材施教。在预习阶段开设"热身实验"慕课，如在"液体密度测量实验"和"液体粘滞系数测量实验"系列慕课中开设"多彩鸡尾酒"和"彩虹糖摩天轮"的预习慕课，使学生们先在直观对液体密度及流动有一定了解后，通过观看和思考给出对实验现象的解释，获得相应成绩；对于"知识点"慕课，如"最小二乘法拟合曲线"等，采用重复观看成绩累加法给定学生成绩，同时给教师留言提问也会获得相应的加分；对实验内容感兴趣或者有志参加创新项目的学生，在完成教学计划规定的慕课学习后，通过获得的成绩积分可以"解锁"创新慕课相应部分的内容，观看并完成课后习题将会获得额外加分，并在创新项目选拔和立项过程中根据该部分成绩进行优先立项与资助。这种针对不同学生的多方位的考核方式，将有效扭转学生们对于大学物理实验只是在教师讲授下单纯完成任务的观念，学生可以根据兴趣点选择学习方向，由被动的学习者转变为实验的主导者。

慕课作为一种新形式的教学方式，突破时间地点的限制，以生动活泼的教学形式，越来越多地应用于大学物理实验教学中。利用慕课的诸多优势，充分发挥大学物理实验教学对创新项目及学生们后续研究生深造的指导作用，对于拓展教师讲授的知识面，弱化单纯讲授的主导地位，强化学生自主学习的深度和广度，进一步提升大学物理实验教学水平具有重要指导作用。

第五节 探索与演示实验在大学物理教学中的应用

在物理学漫长的发展历程中，新的物理现象的发现、物理规律和物理定律的验证都是以实验为依据的。物理实验是进行物理研究的一种基本方法，也是物理教学过程中的重要内容和有效手段。物理学也是一门比较抽象的学科，单单靠课堂的理论讲解，不足以让学生对理论得到充分了解，探索与演示实验提供了一个更近距离接近物理原理的机会。探索与演示实验具有典型性、趣味性、启发性等优点，可以将抽象的物理知识通过具体的物理实验直观地、形象地呈现出来，引导学生分析和观察实验现象，激发学生的学习兴趣，有效地将物理理论知识和实践结合起来，更好地促进大学物理课堂教学。

一、大学物理教学中存在的问题

传统的大学物理教学方法是指教师按照教学大纲要求，讲授其中的全部内容。通常情况下，教师在讲课的过程中都尽可能地将每个概念和定律所涉及的内容都讲给学生，并且在课堂上尽可能生动地讲授准备的内容。学校不同，教学的效果和遇到的问题也不同，在实际的大学物理教学过程中，主要存在以下几个问题。

第一，在上课过程中，教师常常发现自己在课堂上已经讲得很清楚的概念和题目，只要题目稍微发生变化，学生就表现出不知所措来。即使在课堂上已经讲过的问题，让学生重新做的话，也会存在很多问题。出现这类问题的主要原因是学生对物理规律理解得不深刻、不透彻。

第二，在教学方法上，教师往往是注入式、满堂灌地教授，教师只研究如何"教"，不重视学生如何"学"。这种教学方法往往会使课堂变得枯燥无味，学生没有兴趣听，教师也觉得非常累，教学效果不好。

第三，在教学形式上，只有课堂一个渠道，教学形式单一化、模式化，忽略了因材施教和借助课堂外的其他渠道。

第四，在师生关系上，重视教师的主导作用，忽略学生的能动作用，主要是以教师为主，学生为辅的教学模式。老师一味地传授知识，学生只是被动接受。这种教学模式的教学效果非常差。

二、探索与演示实验对课堂教学的促进作用

探索与演示实验可以培养学生的学习兴趣。兴趣是最好的老师。心理学研究发现，学生在充满兴趣的状态下学习时，注意力往往会更加容易集中，观察和记忆力更强，想

象力更丰富，会更加精神饱满地投入到学习中去，此时会表现出更强的积极性和创造性。

探索与演示实验可以将老师讲的内容以客观现实的形式展现在学生面前。要将大学物理课程中大部分非常抽象的概念和规律生动有趣地展示给学生，这是仅仅靠课堂教学和多媒体演示难以达到的。通过探索与演示实验，可以让学生逐渐地从被动接受转变为主动学习，从单纯的概念和原理理解转变为具体实践。在课堂上，教师可以边讲解，边进行实物演示，让学生在学习的过程中将抽象的概念变得更加具体化。

通过探索与演示实验教学，实现教与学的互动，充分发挥学生的主观能动作用。逐步改变传统的演示实验，就是改变教师演示、学生只看不参与的方式。真正有效的课堂演示实验，应该让所有的学生都积极参与到实验中去，让学生自己动手，教师在旁边指导，培养学生的实际操作能力。通过实际操作，可以提高学生的动手实践能力，也可以加深学生对物理概念和规律的理解，提高教学效果。

通过观看探索与演示实验走廊科技展板，可以让同学们置身于物理知识及应用的海洋中，让他们不再感觉到物理的枯燥无味，而是感受到物理的博大精深，并且与我们的日常生活息息相关，以此激发学生的学习动机，树立正确的学习观念。

三、探索与演示实验的应用举例

某校探索与演示实验室目前有 100 多个演示实验项目，涵盖力学、热学、光学及电磁学等各类演示项目。根据教学方法的不同，可以将探索与演示实验分为两大类，即演示实验走廊和探索与演示实验室。在教学过程中，探索与演示实验室和演示实验走廊积极面向全院师生免费开放。演示实验走廊主要展示一些物理实验室及演示实验中具有典型意义的且与生活紧密相关的一些实验现象，通过视频或者图片的形式展现给学生，如花样滑冰、红绿立体图等。通过演示可以把物理现象清晰地展示给学生，引导学生对丰富多彩的物理现象进行观察和探索，帮助学生理解物理概念和规律，提高学习兴趣，激发学生的探索热情，培养学生的创新意识。在教学过程中，将知识讲解、现象演示和知识探索有机结合起来，从多方面促进学生思考学习。下面以大型法拉第笼为例，说明如何利用探索与演示实验促进课堂教学。

在大型法拉第笼实验中，实验教师先向学生们讲解法拉第笼的实验原理，然后讲解实验过程中的注意事项，最后让学生亲自参与实验。

法拉第笼的实验原理。法拉第笼是由金属或者良导体组成的笼子，包括笼体、高压电源、电压演示器和控制部分。当导体达到静电平衡时，整个导体连同表面形成一个等势体。处于静电平衡的导体壳，如果内部没有电荷，那么感应电荷将只分布在导体壳的外表面。在实验过程中，当高压电源通过限流电阻将 100kV 直流高压输送给放电杆，高压放电杆靠近金属笼，放电杆距离笼体 10cm，出现放电火花。因法拉第笼处于良好的接地状态，根据静电平衡条件，笼体连同表面是一个等势体。当人进入笼体后关闭笼门，操作员接通电源，用发电杆进行发电演示。这时即使笼内人员将手紧贴着笼壁，使放电杆向手指放电，笼内人员不仅不会触电，而且还能感觉到电子风的清凉。这是因为此时整个笼体连同人体是一个等势体，没有强电流通过身体，不会有触电感觉。

实验过程中的注意事项。笼内实验者可用手触摸法拉第笼的放电部位，但要将手平放，不要用力按，更不要用指尖按；关闭高压电源后，务必用高压杆与法拉第笼充分放电后，再打开笼门。

让学生们亲自参与演示实验，观看实验现象。选择 5~7 名学生进入法拉第笼，关好笼门，合上控制面板上的电源开关，按住升压按钮使之升压，升到 30~40kV 停止升压，观察者在看到放电电弧的同时，可以听到强烈的放电声；当操作者手持高压杆接近笼壁，可以看到高压杆的前端与笼壁发生剧烈放电，弧长可达到 15~20cm；笼内实验者可以用手轻轻触摸法拉第笼内侧的放电部位，除有微热感外，实验者安然无恙；按"降压按钮"，使电压降到零，然后断开电源；用高压杆接触法拉第笼，使之充分放电，再让实验者走出法拉第笼，实验结束。

演示实验结束后，可以让学生们相互讨论，谈谈自己的感受。通过这个演示实验，可以将物理理论知识和实验很好地结合起来，不仅可以激发学生们的学习热情，也可以让学生们更好地理解理论知识。最后，让学生们再根据这个实验联系一下实际生活中的鲜活例子，例如高压作业工人。高压作业工人的防护服就是用金属材料制成的，接触高压线时形成等电位，人体内没有电流通过，起到保护作用。

在大学物理教学中，探索与演示实验可以把抽象的知识以直观形象的方式展示给学生，有助于学生分析和观察实验现象，把理论知识和实际应用结合起来，激发学生的好奇心、创新意识，对促进课堂教学将起到很大的促进作用。

参 考 文 献

[1]韦维，景佳.非物理专业大学生物理实验教学的探讨与优化[A]//第十届全国高等学校物理实验教学研讨会论文集（上）[C].青岛：中国高等学校实验物理教学研究会，2018.

[2]郑林，许济金，邱祖强.大学物理实验[M].北京：高等教育出版社，2015.

[3]仝亮，武文远，宋阿羚，等."互联网+"时代大学物理实验教学改革思考[A]//第十届全国高等学校物理实验教学研讨会论文集（下）[C].青岛：中国高等学校实验物理教学研究会，2018.

[4]盖磊，刘海霞，姜永清，等.大学物理综合设计实验手机辅助教学 APP 建设研究[A]//第十届全国高等学校物理实验教学研讨会论文集（下）[C].青岛：中国高等学校实验物理教学研究会，2018.

[5]弗·卡约里.物理学史[M].北京：中国人民大学出版社，2010.

[6]张美茹，吴福根，卫小波，等.构建以学生为中心的大学物理实验课程自选教学体系[J].中国现代教育装备，2010（9）：172-173.

[7]支鹏伟.大学物理教学改革的探索与思考[J].太原大学教育学院学报，2010，28（1）：33-35.

[8]程丹.大学物理实验教学改革的探讨[J].现代交际，2011（5）：187.

[9]马艳梅.大学物理实验教学体系的改革与探索[J].中国电力教育，2011(19).

[10]陈中钧，俞眉孙.大学物理实验教学的思考与建议[J].实验技术与管理，2014，31（4）：186-188.

[11]肖立娟.大学物理实验教学的现状与教学改革的探究[J].大学物理实验，2015，28（6）：114-116.

[12]范婷，刘云虎，汤国富，等.探究型教学模式下大学物理实验的改革与实践[J].大学物理实验，2016，29（2）：149-152.

[13]刘正峰.研究性教学与实践性教学：我国高校教学改革的法律分析[J].现代教育管理，2011（1）：79-83.

[14]王婧.大学物理实验课程考试改革方法探索[J].大学物理实验，2017，30（6）：133-135.